软件工程综合实践案例

主　编◎岳　希

副主编◎唐　聃　周子洪

西南交通大学出版社

·成　都·

图书在版编目（CIP）数据

软件工程综合实践案例 / 岳希主编. —成都：西南交通大学出版社，2020.1（2023.6 重印）

ISBN 978-7-5643-7274-3

Ⅰ. ①软… Ⅱ. ①岳… Ⅲ. ①软件工程 Ⅳ. ①TP311.5

中国版本图书馆 CIP 数据核字（2019）第 275198 号

Ruanjian Gongcheng Zonghe Shijian Anli

软件工程综合实践案例

主　编 / 岳　希

责任编辑 / 穆　丰
封面设计 / 原谋书装

西南交通大学出版社出版发行
（四川省成都市金牛区二环路北一段 111 号西南交通大学创新大厦 21 楼　610031）
发行部电话：028-87600564　　028-87600533
网址：http://www.xnjdcbs.com
印刷：成都蜀雅印务有限公司

成品尺寸　185 mm × 260 mm
印张　9　　字数　225 千
版次　2020 年 1 月第 1 版　　印次　2023 年 6 月第 3 次

书号　ISBN 978-7-5643-7274-3
定价　35.00 元

课件咨询电话：028-81435775
图书如有印装质量问题　本社负责退换

前　言

企业需要的是不仅知晓理论知识而且具有软件开发工程能力的人才。在强调工程型人才培养的新形势下，如何对接社会发展需求，构建更利于学生成长的实践教学方法，是当前软件人才培养的关键所在。

本书基于卓越工程师教育理念，以软件工程思想为引导，采用项目驱动方法，将一个完整案例贯穿在产品的生命周期中，即从需求分析开始到构造完整的软件产品。每个章节，根据项目设计开发中各阶段所涉及的知识和能力，首先从理论上介绍相关概念、技术和工具，然后介绍项目案例在该阶段的具体实施过程。通过本教材，学生可以切实地体会软件项目设计开发过程。

本书根据作者多年的综合实训课程教学素材积累和工程实践经验而作，深入浅出。该书可作为高等院校软件工程、计算机科学与技术等专业学生的学习教材，也可作软件开发工程技术人员的参考书。

本书共 7 章，以旅游管理系统作为全书案例。第 1 章从软件危机开始，引入软件工程基本概念、软件生命周期概述；第 2 章对软件项目开发环境和软件项目管理进行介绍；第 3 ~ 7 章分别介绍项目需求分析、概要设计、详细设计、程序开发、软件测试和项目集成各阶段所涉及的概念、工具、文档撰写要点、规范等，并根据案例分别撰写需求规格说明书、概要设计说明书、详细设计说明书，进行程序开发、软件测试和项目集成。

本书由岳希担任主编，唐聃、周子洪担任副主编，全书由岳希统稿。周冬梅、刘艳、安义文、白常福、张瀚参与了本书的部分编写工作，在此深表感谢。

对于书中仍可能存在的一些疏漏和不足之处，恳请读者批评指正。

编　者

2019 年 8 月

目 录

第 1 章　软件工程概述

1.1　软件危机

软件危机（Software Crisis）是指落后的软件生产方式无法满足迅速增长的计算机软件需求，从而导致软件开发与维护过程中出现一系列严重问题的现象。

1.1.1　软件危机案例

案例一：1963 年，由美国宇航局发射的飞往火星的火箭爆炸，造成 1000 万美元的损失。原因是在一行代码中，将“I=1，3”误写成“I=1.3”。

案例二：1967 年，苏联“联盟一号”载人飞船在返航途中，在进入大气层时因打不开降落伞而烧毁。原因是软件忽略一个小数点导致。

案例三：1963—1966 年，IBM 公司开发了 OS/360 系统。该系统共有 4 000 多个模块，约 100 万条指令，投入 5 000 人/年，耗资数亿美元，结果还是延期交付。在交付使用后的系统中仍发现大量（2 000 个以上）的错误。原因是软件缺少适当的文档资料。

案例四：美国丹佛新国际机场自动化行李系统软件投资 1.93 亿美元开发，当时计划于 1993 年万圣节投入使用。但开发人员一直为系统错误困扰，屡次推后使用时间，直到 1994 年 6 月，机场计划者承认无法预测何时能启用。原因是软件开发进度难以预测。

案例五：1996 年，欧洲阿里亚纳 5 型运载火箭坠毁，造成 5 亿美元损失。原因是控制软件中出现了一个错误。

1.1.2　软件危机产生原因

有如下一些原因导致软件危机产生：

（1）对于软件开发的成本和进度的估计不准确。软件与硬件不同，软件是计算机系统的逻辑部件。由于缺乏软件开发的经验和软件开发数据的积累，使得开发软件的计划很难制订。主观盲目制订的计划，执行起来和实际情况会有很大的差距，使得开发经费一再增高；由于对工作量和开发难度估计不足，进度计划无法按时完成，开发时间也会一再拖延。同时客观上使得软件较难维护。

（2）软件开发是由多人分工合作并分阶段完成的过程，参与人员之间的沟通和配合十分重要。开发的软件产品不能完全满足用户需求，用户对已完成的软件系统不满意的现象常常发生。导致这些现象的原因是软件开发人员在开发初期对用户的需求了解不够明确，未得到明确表达就开始着手编程。

（3）开发的软件可靠性差。开发和管理人员只重视开发而轻视对问题模型的定义，使软件产品无法满足用户的需求。由于在开发过程中，没有确保软件质量的体系和措施，在软件测试时，又没有经过严格的、充分的、完全的测试，使得提交给用户的软件产品质量差，在运行中暴露出大量的问题。这种不可靠的软件，轻则会影响系统正常工作，重则会发生事故，造成生命财产的重大损失。

（4）软件管理技术不能满足现代软件开发的需要，没有统一的软件质量管理规范。首先，文档缺乏一致性和完整性，从而失去管理的依据。因为程序只是完整软件产品的一个组成部分，一个软件产品必须由一组配置组成，不能只重视程序，而应当特别重视软件配置。其次，由于成本估计不准确，资金分配混乱，人员组织不合理，进度安排无序，导致软件技术无法实施。最后，软件的可维护性差。由于开发过程中没有统一的、公认的规范，软件开发人员按各自的风格工作，各行其是。因此，很多程序中的错误非常难改，实际上既不可能使这些程序适应新的硬件环境，也不可能根据用户需求在程序中增加新功能。

（5）软件开发提高的生产速度，远远跟不上计算机应用普及深入的趋势。软件产品“供不应求”的现象，使人类不能充分利用计算机硬件资源所提供的巨大潜力。

解决软件危机的途径有以下几种：

（1）加强软件开发过程的管理，构建良好的组织、严密的管理和协调工作的机制。

（2）推广使用开发软件的成功技术与方法，探索更好的、更有效的技术和方法，尽快消除在计算机系统早期发展阶段形成的错误概念。

（3）开发和使用好的软件工具，在适当的软件工具的支持下，开发人员可以更好地完成工作。

1.2 软件工程

解决软件危机既有技术措施又有管理措施，为了研究、解决软件危机，诞生了一门学科——软件工程学。它把软件作为工程对象，从技术措施和组织管理两个方面来研究、解决软件危机。1968 年，北大西洋公约组织的计算机科学家在德国召开国际会议，讨论软件危机问题，在这次会议上正式提出并使用了“软件工程”这个名词，一门新的工程学科就此诞生了。

软件工程（Software Engineering）是指导计算机软件开发和维护的一门工程学科，采用工程的概念、原理、技术和方法来开发与维护软件，把经过时间考验而证明正确的管理技术和当前能够得到的最好的技术方法结合起来，经济地开发出高质量的软件并有效地进行维护。

软件工程的目标就是把软件作为一种物理的工业产品来开发，要求采用工程化的原理与方法对软件进行计划、开发和维护，摆脱不规范生产软件的状况，逐步实现软件开发和维护的自动化，开发出满足用户需求、及时交付、不超过预算和无故障的软件。

自从软件工程概念提出以来，经过几十年的研究与实践，虽然“软件危机”没得到彻底解决，但在软件开发方法和技术方面已经取得了很大的进步。尤其应该指出的是，20 世纪 80 年代中期，美国软件行业开始认识到，在软件开发中，最关键的问题是软件开发组织不能很好地定义和管理其软件过程，从而使一些好的开发方法和技术起不到所期望的作用。也就是说，在没有很好地定义和管理软件过程的软件开发中，开发组织不可能在好的软件方法和工具中获益。

1.3 软件生命周期

软件生命周期（Software Life Cycle，SLC）：一个软件产品从定义、开发、维护到废弃的时间总和称为软件的生命周期。

1.3.1 软件生命周期划分

软件生命周期是软件从产生到报废或停止使用的时间总和，包含问题定义、可行性研究、需求分析、概要设计（总体设计）、详细设计、编码、测试、维护等 8 个阶段。软件生命周期阶段的划分受软件的规模、性质、种类、开发方法等影响，阶段划分过细，会增加阶段之间联系的复杂性和软件开发、测试的工作量，在实际软件工程项目中较难操作。也有提出将软件生命周期划分成 4 个活动时期：软件分析时期、软件设计时期、编码与测试时期以及软件运行与维护时期。它们的关系如图 1-1 所示。

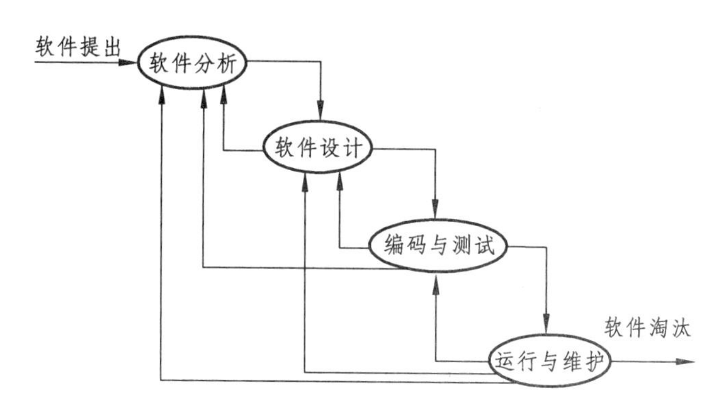

图 1-1 软件的 4 个活动时期

软件活动时期划分主要有如下几个优点：

（1）每个软件活动时期的独立性较强，任务明确且联系简单，容易分工。

（2）软件工程过程清晰、简明。

（3）软件规模大小都合适，大型软件可以在软件活动时期内再划分阶段进行。

（4）适合各种软件工程开发模型和开发方法。

（5）适合各类软件工程。

1.3.2 软件分析时期

软件分析时期也称为软件定义时期。这个时期的根本任务是确定软件项目的目标、软件应具备的功能和性能，构造软件的逻辑模型，并制定验收标准。在此期间，要进行可行性论证，并做出成本估计和经费预算，制定进度安排。通俗地说，软件分析时期主要解决如下问题：

（1）要做的是什么软件？

（2）有没有可行性？

（3）软件的具体需求是什么？

（4）验收标准是什么？

这个时期包括问题定义、可行性研究和需求分析三个阶段，可以根据软件系统的大小和类型决定是否细分阶段。

1. 问题定义

问题定义阶段要回答的问题是：要解决的问题是什么？如果不知道问题是什么就试图解决这个问题，最终得出的结果很可能是毫无意义的。

通过问题定义阶段的工作，系统分析员应该提出关于问题性质、工程目标和规模的书面报告。通过对系统的实际用户和使用部门负责人的访问调查，分析员扼要地写出对问题的理解，并在用户和使用部门负责人的会议上认真讨论这份书面报告，澄清含糊不清的地方，改正理解不正确的地方，最后得出一份双方都满意的文档。

2. 可行性研究

可行性研究阶段要回答的问题是对于上一阶段所确定的问题有行得通的解决办法吗？为此，系统分析员要进行压缩和简化的需求分析和设计，也就是在高层次上进行分析和设计，探索这个问题是否值得去解决，是否有可行的解决办法，最后要提交可行性研究报告。

经过可行性研究后制订项目开发计划。根据开发项目的目标、功能、性能及规模，估计项目需要的资源，即需要的计算机硬件资源、软件开发工具和应用软件包，需要的开发人员数目及行业背景要求，还要对软件开发费用做出估算，对开发进度做出估计，制订完成开发任务的实施计划。最后，将项目开发计划和可行性研究报告一起提交管理部门审查。

3. 需求分析

需求分析阶段的任务是准确地确定软件系统必须做什么，确定软件系统必须具备哪些功能。

用户了解他们所面对的问题，知道必须做什么，但是通常不能完整、准确地表达出来，也不知道怎样用计算机解决他们的问题。而软件开发人员虽然知道怎样用软件完成人们提出的各种功能要求，但是对用户的具体业务和需求却不清楚，这是需求分析阶段的困难所在。

系统分析员要和用户密切配合，充分理解用户的业务流程，完整、全面地收集、分析用户业务中的信息，从中分析出用户需求的功能和性能，完整、准确地表达出来。这一阶段要给出软件需求说明书。

软件分析时期结束前要经过管理评审和技术评审，合格后方能进入到软件设计时期。

1.3.3 软件设计时期

软件设计时期的根本任务是将分析时期得出的逻辑模型设计成具体计算机软件方案。具体来说，主要包括以下几个方面：

（1）设计软件的总体结构。

（2）设计软件具体模块的实现算法。

（3）软件设计评审。

软件设计结束之前要进行评审，评审通过后才能进入编码时期。理想的软件设计结果应该可以交给任何熟悉所要求语言环境的程序员编码实现。

软件设计时期也可以根据具体软件的规模、类型等决定是否细分成概要设计（总体设计）和详细设计两个阶段。

1. 概要设计

在概要设计阶段，开发人员要把确定的各项功能需求转换成需要的体系结构，在该体系结构中，每个成分都是意义明确的模块，即每个模块都和某些功能需求相对应。因此，概要设计就是设计软件的结构，在该阶段须明确以下几个问题：该结构由哪些模块组成？这些模块的层次结构是怎样的？这些模块的调用关系是怎样的？每个模块的功能是什么？同时还要设计该项目应用系统的总体数据结构和数据库结构，即应用系统要存储什么数据，这些数据是什么样的结构，它们之间有什么关系等。

这个阶段要考虑如下几种可能的方案：

（1）最低成本方案。系统完成最必需的工作。

（2）中等成本方案。不仅能够完成必需的任务，而且还有部分扩展功能。

（3）高成本方案。系统具有用户需要的所有功能。

系统分析员要使用系统流程图和其他工具描述每种可能的系统方案，用结构化原理设计合理的系统层次结构和软件结构。另外，系统分析员要估计每一种方案的成本与效益，在各种权衡的基础上向用户推荐一个最优的系统。

2. 详细设计

详细设计阶段就是为每个模块完成的功能进行具体描述，要把功能描述转变为精确的、结构化的过程描述。即该模块的控制结构是怎样的，先做什么，后做什么，有什么样的条件判定，有些什么重复处理等，并用相应的表示工具把这些控制结构表示出来。

1.3.4 编码与测试时期

编码与测试时期也称为软件实现时期。在这个时期，主要是组织程序员将设计的软件“翻译”成计算机可以正确运行的程序，并且要按照软件分析中提出的需求和验收标准进行严格的测试和审查，审查通过后才可以交付使用。这个时期也可以根据具体软件的特点，决定是否划分成更细的一些阶段，如编码、单元测试、集成测试、系统测试、验收测试等。

1. 编码

编码阶段就是把每个模块的控制结构转换成计算机可接受的程序代码，即写成以某特定程序设计语言表示的“源程序清单”。写出的程序应是结构好、清晰易读，并且与设计相一致。

2. 测试

测试是保证软件质量的重要手段，其主要方式是在设计测试用例的基础上检验软件的各个组成部分。测试分为单元测试、集成测试、系统测试和验收测试。

（1）单元测试又称为模块测试，目的是保证每个模块作为一个单元能正确运行，在这个测试步骤中所发现的往往是编码和详细设计的错误。通常由程序员自己来完成，用于查找各模块在功能和结构上存在的问题。

（2）集成测试，是在单元测试的基础上，将所有模块按照设计要求组装成为子系统或系统进行检查，主要是查找各模块之间接口上存在的问题。

（3）系统测试是在集成测试后进行，目的是充分运行系统，验证系统是否能正常工作并完成设计要求。

（4）验收测试又称为确认测试，是根据产品规格说明书严格检查产品，逐行逐字地按照说明书上对软件产品所做出的各方面要求进行，确保所开发的软件产品符合用户的各项要求。

1.3.5 运行与维护时期

软件维护是软件生命周期中持续时间最长的阶段。在软件开发完成并投入使用后，由于多方面的原因，软件不能继续适应用户的要求，如运行中发现了软件隐含的错误而需要修改，也可能是为了适应变化了的软件工作环境而需要做适当变更，还可能是因为用户业务发生变化而需要扩充和增强软件的功能等，要延续软件的使用寿命，就必须对软件进行维护。软件维护活动类型有四种：改正性维护、适应性维护、完善性维护、预防性维护。

改正性维护是指改正在系统开发阶段已发生而系统测试阶段尚未发现的错误，改正性维护工作量占整个维护工作量的 17%～21%。

适应性维护是指使软件适应信息技术变化和管理需求变化而进行的修改。由于计算机硬件价格的不断下降，各类系统软件层出不穷，人们常常为改善系统硬件环境和运行环境而产生系统更新换代的需求，企业的外部市场环境和管理需求的不断变化也使得各级管理人员不断提出新的信息需求，这些因素都将导致适应性维护工作的产生。适应性维护工作量占整个维护工作量的 18%～25%。

完善性维护是为扩充功能和改善性能而进行的修改，主要是指对已有的软件系统增加一些在系统分析和设计阶段中没有规定的功能与性能特征，这些功能对完善系统功能非常必要。完善性维护工作量占整个维护工作量的 50%～60%。

预防性维护是为了改进应用软件的可靠性和可维护性，为了适应未来的软硬件环境的变化，主动增加预防性的新的功能，以使应用系统适应各类变化而不被淘汰。预防性维护工作量占整个维护工作量的 4%左右。

1.4 软件工程思维培养

在项目开发中，如何运用软件工程的思维和方法思考问题是开发人员应具备的一种能力，从以下几方面进行考虑：

1. 考虑整个项目或者产品的市场前景

作为一个真正的系统分析人员，不仅要从技术的角度来考虑问题，而且还要从市场的角度去考虑问题。也就是说需要考虑产品的用户群范围，当产品投放到市场上的时候，是否具有生命力等。

2. 从用户的角度来考虑问题

从用户的角度考虑，用户认可的才是好的产品，并不是开发人员觉得好的就好。比如，一些对于开发人员来讲是显而易见的操作，但是对于普通用户来说可能就非常难以掌握，因此，需要在灵活性和易用性方面进行折中。比如尽管一些功能十分强大，但是如果用户几乎不怎么使用的话，就不一定在产品的版本发布时推出。

3. 从技术的角度考虑问题

技术是非常重要的，是成功的必要环节。在产品设计的时候，必须考虑采用先进的技术和先进的体系结构。比如，如果可以采用多线程进行程序中各个部分并行处理的话，就最好采用多线程处理；在 Windows 环境下开发的时候，能够把功能封装成一个单独的 COM 构件就不做成一个简单的 DLL 或者是以源代码存在的函数库或者是对象；能够在 B/S 结构下运行并且不影响系统功能的话就不用在 C/S 结构下实现。

4. 合理进行模块的分割

从多层模型角度来讲，一般系统可以分成用户层、业务层和数据库层三部分，当然每个部分都还可以再进行细分。在系统实现设计的时候，尽量进行各个部分的分割并建立各个部分之间进行交互的标准；在实际开发的时候，确实有需要的话再进行重新调整，这样就可以保证各个部分的开发齐头并进，开发人员也可以分工明确，各司其职。

5. 人员的组织和调度

软件开发中很重要的一点是要考虑人员的特长，有的人擅长图形用户接口开发，有的人喜欢做内核，要根据人员的具体情况进行具体配置。同时要保证每一个开发人员在开发的时候首先完成需要和其他人员进行交互的接口部分，并且对自己的项目进度以及其他开发人员的进度有一个清晰的了解，保证不同岗位的开发人员能够经常进行交流。

6. 开发过程中的记录

在开发过程中会碰到各种各样的困难，以及各种各样的创意，应该把这些东西记录下来并及时进行整理，对于困难和问题，如果不能短时间解决，可以考虑采用其他的技术替代，并在事后做专门的研究；对于各种创意，可以根据进度计划安排考虑是在本版本中实现还是在下一版本中实现。

7. 充分考虑实施时可能遇到的问题

开发好的软件产品是一方面，用户真正能够使用好产品又是另外一方面。比如在 MIS 系统开发中，最简单的一个问题就是如果用户输入数据错误，应如何进行操作。在以流程方式工作的时候，如何让用户理解自己在流程中的位置和作用，如何让用户真正利用计算机进行协作也是成败的关键。

第 2 章　软件项目开发

2.1　软件工程环境

英国著名工程教育专家，沙尔福大学的齐斯霍姆教授说过：“只有由具有外科医生资格的教师，在外科手术室里才能培养出真正的外科医生”。培养工程师亦然，只有具有工程师资格的教师，在一个充满活力的工业环境中才能培养出真正的工程师。

工程素质是未来工程师必须具备的基本素质，是指在解决工程问题时所表现出来的综合素质，工程素质的培养需要工程环境的熏陶。知识需要在实践中深化，能力需要在实践中磨砺，素质需要在实践中提升，工程实践可以说就是一个模拟的工业环境，通过一个直接参与的实践过程，掌握一定的操作技能，增强动手能力和洞察能力；通过理论与实践结合，拓宽基础知识，获得感性认识，实现知识向能力的转化，培养工程素质，提升创新能力。

软件工程综合实训是从基础知识学习转入软件项目开发实践的重要环节，通过参与一个工程项目的完整开发，经历需求分析、概要设计、详细设计、程序编码、程序测试及集成运行全过程，掌握软件工程开发流程，运用基础知识对实际应用进行分析设计的能力，以及培养规范文档编写和代码编写工程能力、团队协作能力、人际交流能力、综合知识运用能力等。

2.2　软件项目管理

2.2.1　软件项目管理基本概念

软件项目管理是为了保证软件项目能够按照预定的成本、进度、质量顺利完成，而对人员、产品、过程和项目进行分析和管理的活动。软件项目管理的根本目的是为了让软件项目尤其是大型项目的整个软件生命周期都能在管理者的控制之下，以预定成本按期、按质的完成软件开发并交付用户使用，而研究软件项目管理是为了从已有的成功或失败的案例中总结出能够指导今后开发的通用原则、方法，同时避免前人的失误。

20 世纪 70 年代中期，美国国防部专门研究了软件开发不能按时提交、预算超支和质量达不到用户要求的原因，结果发现 70%的项目是由管理不善引起的，而非技术原因，于是软件开发者开始逐渐重视软件开发中的各项管理。到了 20 世纪 90 年代中期，软件研发项目管理不善的问题仍然存在。据对美国软件工程实施现状的调查，软件研发的情况仍然很难预测，大约只有 10%的项目能够在预定的费用和进度下交付。软件是纯知识产品，其开发进度和质量很难估计和度量，生产效率也难以预测和保证，而软件系统的复杂性也导致了开发过程中难以预见和控制的各种风险，使软件项目管理具有其特殊性。如 Windows 操作系统有 1500 万行以上的代码，同时有数千个程序员在进行开发，项目经理有上百个，这样庞大的系统如果没有很好的管理，其软件质量是难以想象的。

软件项目管理的内容主要包括如下几个方面：人员的组织与管理、软件度量、软件项目计划、风险管理、软件质量保证、软件过程能力评估、软件配置管理等。这几个方面是贯穿、交织于整个软件开发过程中的，其中人员的组织与管理把注意力集中在项目组人员的构成、优化上；软件度量是用量化的方法评测软件开发中的费用、生产率、进度和产品质量等要素是否符合期望值；软件项目计划主要包括工作量、成本、开发时间的估计，并根据估计值制定和调整项目组的工作；风险管理主要预测未来可能出现的各种危害软件产品质量的潜在因素，并由此采取措施进行预防；软件质量保证是保证产品和服务充分满足消费者要求的质量而进行的有计划、有组织的活动；软件过程能力评估是对软件开发能力的高低进行衡量；软件配置管理针对开发过程中人员、工具的配置、使用等提出管理策略。

2.2.2 团队管理

团队是指在一个组织中，依成员工作性质、能力组成的各种小组，参与组织各项决定和解决问题等事务，以提高组织生产力和达成组织目标。任何一个软件项目都不可能由某一个体单独完成，而是由一定规模的项目小组完成，软件开发不仅需要完成个人的工作任务，而且还需要与项目组其他人员协同工作。因此，软件开发需要组建团队，团队成员之间需要合作交流。

为了提高工作效率，保证工作质量，软件开发人员的组织与分工是一项十分重要且复杂的工作，它直接影响到软件项目的成功与失败。1970 年，Sackman 曾对 12 名程序员用两个不同的程序进行试验，结果表明：程序排错、调试时间差别为 18∶1，程序编制时间差别为 15∶1，程序运行时间差别为 13∶1，说明软件开发人员的个人素质差异很大，对软件开发人员的选择、分工十分关键。近年来，随着软件开发方法的提高以及工具的改善，上述差异已减小，但合理选择软件人员，充分发挥每个人的特长和经验仍然十分重要。由于软件产品不易理解、不易维护，软件人员的组织方式也十分关键，软件开发人员的组织结构与软件项目开发模式和软件产品的结构应该相对应，以达到软件开发的方法、工具与人的统一，从而降低管理系统的复杂性，有利于软件开发过程的管理与质量控制。

2.2.3 人员组织结构

按树形结构组织软件开发人员是一个比较成功的经验方法。树的根是软件项目经理和项目总技术负责人，理想的情况是项目经理和技术负责人由一个人或一个小组担任。树的结点是程序员小组，为了减少系统的复杂性、便于项目管理，树的结点每层不要超过 7 个，在此基础上尽量降低树的层数。程序员小组的人数应视任务的大小和完成任务的时间而定，一般是 2 ~ 5 人。为降低系统开发过程的复杂性，程序员小组之间、小组内程序员之间的任务接口必须清楚并尽量简化。有效的软件项目团队由各种角色的人员所组成，每位成员扮演一个或多个角色，常见的项目角色包括项目经理、架构师、需求分析师、系统分析师、模块设计师、数据库设计师、项目组长、软件开发工程师等。

项目经理：负责人员安排和项目分工，保证按期完成任务，对项目的各个阶段进行验收，对项目参与人员的工作进行考核，管理项目开发过程中的各种文档，直接对公司领导层负责，既要处理好与客户之间的关系，又要协调好项目小组成员之间的关系。项目经理是在整个项目开发过程中、项目组内对所有非技术性重要事情做出最终决定的人。

架构师：负责设计项目中软件部分的体系结构和模型，确定软件开发日程，确定软件内部流程和框架等。系统架构师也可以理解成技术总监，是在部门内所有软件项目中，对技术上所有重要的事情做出决定的人。

需求分析师：负责与客户交流，准确获取客户需要。对于客户来说，他可以代表整个项目组；对于项目组成员来说，他可以代表客户方的意见，项目组内所有与客户需求相关的事情必须得到他的认可。

系统分析师：协助需求分析师对项目进行调研，将系统需求整理成《软件需求规格说明书》，并协助架构师进行系统设计。

模块设计师：对系统分析师和架构师所划分的模块进一步细化，保障各模块按既定的标准和要求完成相应的功能。

数据库设计师：根据业务需求和系统性能分析、建模，设计数据库，完成数据库操作，确保数据库操作的正确性、安全性。数据库设计师是项目组中唯一能对数据库进行直接操作的人，对项目中与数据库相关的所有重要的事做最终决定。

项目组长：通常 3 ~ 4 个开发人员组成一个开发小组，由一个小组负责人带领进行开发活动。开发小组负责人由小组内技术和业务比较好的成员担任。

软件开发工程师：根据设计师的设计成果进行具体编码工作，对自己的代码进行基本的单元测试。软件工程师是最终实现代码的成员。

第3章　项目需求分析

3.1　需求分析概述

3.1.1　需求定义

需求分析就是确定要求计算机“做什么”并应达到什么样的效果。即对要解决的问题进行详细的分析，弄清楚问题的要求，包括需要输入什么数据，得到什么结果，最后应输出什么，分析各种可能的解法，并且分配给各个软件元素。

软件需求分析所要做的工作是深入描述软件的功能和性能，确定软件设计的限制和软件同其他系统元素的接口细节，定义软件的有效性需求。分析员通过需求分析逐步细化对软件的要求，描述软件要处理的数据域，并给软件开发提供一种可转化为数据设计、结构设计和过程设计的数据和功能表示。在软件完成后，制定的软件规格说明还要为评价软件质量提供依据。

进行需求分析时，应注意一切信息与需求都应站在用户的角度上，避免分析员的主观想象，并尽量将分析进度提交给用户。在不进行直接指导的前提下，让用户进行检查与评价，从而使需求分析具有准确性。

3.1.2　需求类别

软件需求包括三个不同的层次：业务需求、用户需求和功能需求（也包括非功能需求）。

（1）业务需求反映了组织机构或客户对系统、产品高层次的目标要求，它们在项目视图与范围文档中予以说明。

（2）用户需求文档描述了用户使用产品必须要完成的任务，在实例文档或方案脚本说明中予以说明。

（3）功能需求定义了开发人员必须实现的软件功能，使得软件能完成用户的任务要求，从而满足业务需求。

作为功能需求的补充，软件需求规格说明还应包括非功能需求，它描述了系统展现给用户的行为和执行的操作等。它包括产品必须遵从的标准、规范和合约、外部界面的具体细节、性能要求、设计或实现的约束条件及质量属性。所谓约束是指对开发人员在软件产品设计和构造上的限制。质量属性是通过多种角度对产品的特点进行描述，从而反映产品功能。多角度描述产品对用户和开发人员都是极为重要的。

3.1.3 需求分析法则

客户与开发人员交流需要好的方法。这里提供 20 条法则，使得客户和开发人员可以通过了解这些法则并达成共识。如果遇到分歧，通过协商达成对各自义务的相互理解，以便减少以后的摩擦（如一方要求而另一方不愿意或不能够满足要求）。

1. 分析人员要使用符合客户语言习惯的表达

需求讨论集中于业务需求和业务任务，因此要使用相关专业术语。客户应将有关术语传授给分析人员，而客户不一定要懂得计算机行业的术语。

2. 分析人员要了解客户的业务及目标

只有分析人员更好地了解客户的业务，才能使产品更好地满足用户的需要，这将有助于开发人员设计出真正满足客户需要和期望的优秀软件。为帮助开发和分析人员，客户可以考虑邀请他们观察自己的工作流程。如果是切换新系统，那么开发和分析人员应使用一下旧系统，有助于帮助他们明白系统是怎样工作的，其流程情况有哪些可供改进之处。

3. 分析人员必须编写软件需求报告

分析人员应将从客户那里获得的所有信息进行整理，以区分业务需求及规范、功能需求、质量目标、解决方法和其他信息。通过这些分析，客户会得到一份需求分析报告，此份报告是开发人员和客户之间针对要开发的产品内容达成的协议。报告应以一种客户认为易于翻阅和理解的方式组织编写。客户要评审此报告，以确保报告内容准确完整地表达其需求。一份高质量的需求分析报告有助于开发人员开发出真正被需要的产品。

4. 要求得到需求工作结果的解释说明

分析人员可能采用多种图表作为文字性需求分析报告的补充说明，因为工作图表能很清晰地描述出系统行为的某些方面，所以报告中各种图表有着极高的价值；虽然它们不太难理解，但是客户可能对此并不熟悉，因此客户可以要求分析人员解释说明每个图表的作用、符号的意义和需求开发工作的结果，以及怎样检查图表有无错误及不一致等。

5. 开发人员要尊重客户的意见

如果用户与开发人员之间不能相互理解，对于需求的讨论将会有障碍，共同合作能使大家兼听则明。参与需求开发过程的客户有权要求开发人员尊重他们并珍惜他们为项目成功所付出的时间，同样，客户也应对开发人员为项目成功这一共同目标所做出的努力表示尊重。

6. 开发人员要对需求及产品实施提出建议和解决方案

通常客户所说的“需求”已经是一种实际可行的实施方案，分析人员应尽力从这些解决方法中了解真正的业务需求，同时还应找出已有系统与当前业务不符之处，以确保产品不会无效或低效。在彻底弄清业务领域内的需求后，分析人员就能提出相当好的改进方法，有经验且有创造力的分析人员还能提出增加一些用户没有发现的很有价值的系统特性。

7. 描述产品使用特性

客户可以要求分析人员在实现功能需求的同时还应注意软件的易用性，因为这些易用特性或质量属性能使客户更准确、高效地完成任务。例如，客户有时要求产品要界面友好、健壮或高效率，但对于开发人员来讲，这些要求太主观、模糊了，并无实用价值。正确的做法是，分析人员通过询问和调查了解客户所要求的友好、健壮、高效所包含的具体特性，具体分析哪些特性对哪些特性有负面影响，在性能代价和所提出解决方案的预期利益之间进行权衡，并做出合理的取舍。

8. 允许重用已有的软件组件

需求通常有一定灵活性，分析人员可能发现已有的某个软件组件与客户描述的需求很相符，在这种情况下，分析人员应提供一些修改需求的选择以便开发人员能够降低新系统的开发成本和节省时间，而不必严格按原有的需求说明开发。所以说，如果想在产品中使用一些已有的常用商业组件，而它们并不完全适合您所需的特性，这时一定程度上的需求灵活性就显得极为重要了。

9. 要求对变更的代价提供真实可靠的评估

业务决策有不同的选择，这时对需求变更的影响进行评估从而对业务决策提供帮助是十分必要的。所以，客户有权利要求开发人员通过分析给出一个真实可信的评估，包括影响、成本和得失等。开发人员不能由于不想实施变更而随意夸大评估成本。

10. 获得满足客户功能和质量要求的系统

每个人都希望项目成功，但这不仅要求客户要清晰地告知开发人员关于系统“做什么”所需的所有信息，而且还要求开发人员能通过交流了解清楚取舍与限制，一定要明确说明客户的假设和潜在的期望，否则，开发人员开发出的产品很可能无法让客户满意。

11. 给分析人员讲解您的业务

分析人员要依靠客户讲解业务概念及术语，但客户不能指望分析人员会成为该领域的专家，而只能让他们明白客户的问题和目标；不要期望分析人员能把握客户业务的细微潜在之处，他们可能不知道那些对于客户来说理所当然的“常识”。

12. 抽出时间清楚地说明并完善需求

尽管很忙，但客户无论如何都有必要抽出时间参与“头脑高峰会议”的讨论，接受采访或其他获取需求的活动。有些分析人员可能先明白了客户的观点，而过后发现还需要客户的讲解，这时需要客户耐心对待一些需求和需求的精化工作过程中出现反复的情况，因为它是人们交流中很自然的现象，何况这对软件产品的成功极为重要。

13. 准确而详细地说明需求

编写一份清晰、准确的需求文档是很困难的。由于处理细节问题不但烦人而且耗时，因此很容易留下模糊不清的需求。但是在开发过程中，必须解决这种模糊性和不准确性，而客户恰恰是为解决这些问题做出决定的最佳人选，否则，就只能靠开发人员去猜测了。

在需求分析中暂时加上“待定”标志是一个方法。用该标志可指明哪些是需要进一步讨论、分析或增加信息的地方，有时也可能因为某个特殊需求难以解决或没有人愿意处理而标注上“待定”。客户要尽量将每项需求的内容都阐述清楚，以便分析人员能准确地将它们写进软件需求报告中去。如果客户一时不能准确表达，通常就要求用原型技术，通过原型开发，客户可以同开发人员一起反复修改，不断完善需求定义。

14. 及时做出决定

分析人员会要求客户做出一些选择和决定，这些决定包括来自多个用户提出的处理方法或在质量特性冲突和信息准确度中选择折中方案等。有权做出决定的客户必须积极地对待这一切，尽快做出处理，因为开发人员通常只有等客户做出决定后才能行动，而这种等待会延误项目的进展。

15. 尊重开发人员的需求可行性及成本评估

所有的软件功能都有其成本。客户所希望的某些产品特性可能在技术上行不通，或者实现时要付出极高的代价，而某些需求试图达到在操作环境中不可能达到的性能，或试图得到一些根本得不到的数据。开发人员会对此做出负面的评价，客户应该尊重他们的意见。

16. 划分需求的优先级

绝大多数项目没有足够的时间或资源实现功能性的每个细节。决定哪些特性是必要的，哪些是重要的，以及哪些是重要的是需求开发的主要部分，这只能由客户来负责设定，因为开发者不可能按照客户的观点决定需求优先级；开发人员将为客户确定的优先级提供有关每个需求的花费和风险的信息。

在时间和资源的限制下，关于所需特性能否完成或完成多少应尊重开发人员的意见。尽管没有人愿意看到自己所希望的需求在项目中未被实现，但应面对现实，业务决策有时不得不依据优先级来缩小项目范围或延长工期，或增加资源，或在质量上寻找折中。

17. 评审需求文档和原型

客户评审需求文档是给分析人员带来反馈信息的一个机会。若客户认为编写的需求分析报告不够准确，就有必要尽早告知分析人员并为其改进提供建议。更好的办法是先为产品开发一个原型，这样客户就能提供更有价值的反馈信息给开发人员，使他们更好地理解客户的需求。原型并非是一个实际应用产品，但开发人员能将其转化、扩充成功能齐全的系统。

18. 需求变更要立即联系

不断的变更需求，会给在预定计划内完成的产品带来严重的不利影响。变更是不可避免的，但在开发周期中，变更越晚出现，其影响越大。变更不仅会导致代价极高的返工，而且工期将被延误，特别是在大体结构已完成后又需要增加新特性时尤为严重。所以，一旦客户发现需要变更需求时，请立即通知分析人员。

19. 遵照开发小组处理需求变更的过程

为将变更带来的负面影响减少到最低限度，所有参与者必须遵照项目变更控制过程。这要求不放弃所有提出的变更，对每项要求的变更进行分析、综合考虑，最后做出合适的决策，以确定将哪些变更引入项目中。

20. 尊重开发人员采用的需求分析过程

软件开发中最具挑战性的莫过于收集需求并确定其正确性，分析人员采用的方法有其合理性。也许客户认为收集需求的过程不太必要，但请相信花在需求开发上的时间是非常有价值的。如果客户理解并支持分析人员为收集、编写需求文档和确保其质量所采用的技术，那么整个过程将会更为顺利。

3.2 项目开发常用工具及使用

3.2.1 统一建模语言 UML

1. UML 特点

UML 是一种定义良好、易于表达、功能强大且普遍适用的建模语言，它融入了软件工程领域的新思想、新方法和新技术。UML 的重要内容就是通过各种类型的图形，分别描述软件模型的静态结构、动态行为及模块组织和管理，它的作用域，不仅支持面向对象的分析与设计，而且支持从需求分析开始的软件开发的全过程。

2. UML 模型

标准建模语言 UML 可以由下列 5 类图 9 种模型来定义：

1）用例图

用例图主要用来描述用户、需求、系统功能单元之间的关系，它展示了一个外部用户能够观察到的系统功能模型图。

2）静态图

静态图包括类图和对象图。类图描述系统中类的静态结构，不仅定义系统中的类，表示类之间的联系，如关联、依赖、聚合等，还包括类的属性和操作的定义。类图描述的是一种静态关系，在系统的整个生命周期都是有效的。对象图是类图的实例，使用的标识几乎与类图完全相同。一个对象图是类图的一个实例。由于对象存在生命周期，因此对象图只能在系统某一时间段存在。

3）行为图

行为图描述系统的动态模型和组成对象间的交互关系，包括状态图和活动图。状态图描述类的对象所有可能状态以及事件发生时状态的转移条件，是对类图的补充。活动图描述满足用例要求所要进行的活动以及活动间的约束关系，有利于识别并进行活动。

4）交互图

交互图描述对象间的交互关系，包括时序图和协作图。时序图显示对象之间的动态合作关系，它强调对象之间消息发送的顺序，同时显示对象之间的交互。协作图描述对象间的协作关系，协作图跟时序图相似，显示对象间的动态合作关系。除显示信息交换外，协作图还显示对象以及它们之间的关系。如果强调时间和顺序，则使用时序图；如果强调上下级关系，则选择协作图。

5）实现图

实现图包括组件图和部署图。组件图描述代码部件的物理结构及各部件之间的依赖关系，有助于分析和理解部件之间相互影响的程度。部署图定义系统中软硬件的物理体系结构。

采用UML设计系统时，第一步是描述需求，第二步根据需求建立系统的静态模型，以构造系统的结构，第三步是描述系统的行为。其中在第一步与第二步中所建立的模型都是静态的，包括用例图、类图、对象图、组件图和部署图等5种图形，也是标准建模语言UML的静态建模机制；第三步中所建立的模型可以表示执行，或者表示执行时的时序状态或交互关系，它包括状态图、活动图、时序图和协作图等4种图形，是标准建模语言UML的动态建模机制。

3.2.2 Visio

Office Visio是一款便于IT（信息技术）和商务专业人员就复杂信息、系统和流程进行可视化处理、分析和交流的软件，是世界上最优秀的商业绘图软件之一，它可以帮助用户创建业务流程图、软件流程图、数据库模型图和平面布置图等，是一种基于模板的简单的工程绘图软件，用户只需要选择相近似的模板，就能像搭积木块一样迅速完成绘图工作，易学易用。

模板共分为 8 大类，每一大类中又包含很多子类，几乎涵盖一般工程绘图的范围，如下所示：

（1）常规模板（3个子类）。

（2）地图和平面布置图（14个子类）。

（3）工程（8个子类）。

（4）流程图（9个子类）。

（5）日程安排（4个子类）。

（6）软件和数据库（17个子类）。

（7）商务（14个子类）。

（8）网络（7个子类）。

除此之外，在Microsoft公司的网站上，还有很多模板可供免费下载使用。

以画功能模块图为例，Visio使用如下：

（1）下载并安装Visio，打开Visio选择“基本流程图”，如果之前使用过该模板，可以直接在最近使用的模板内找到该模板；如果第一次使用，可以通过下方模板类别里的“流程图”找到该模板，如图 3-1 所示。

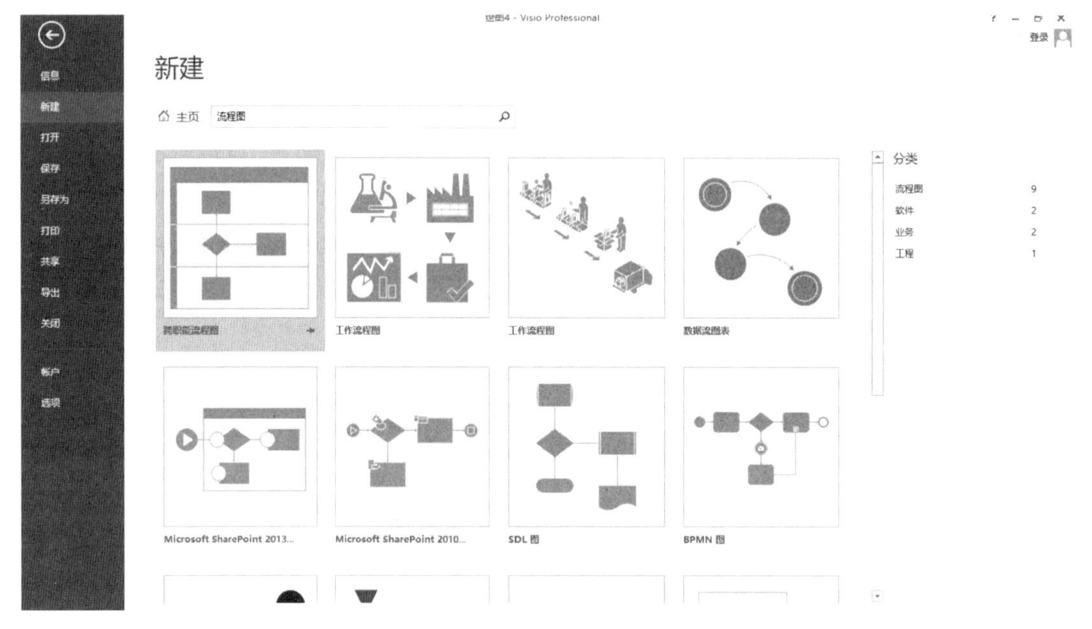

图 3-1　新建流程图界面

（2）找到“基本流程图”模板后点击打开，进入 Visio 绘图界面，在左侧可以看到绘制流程图使用的基本形状，如图 3-2 所示。

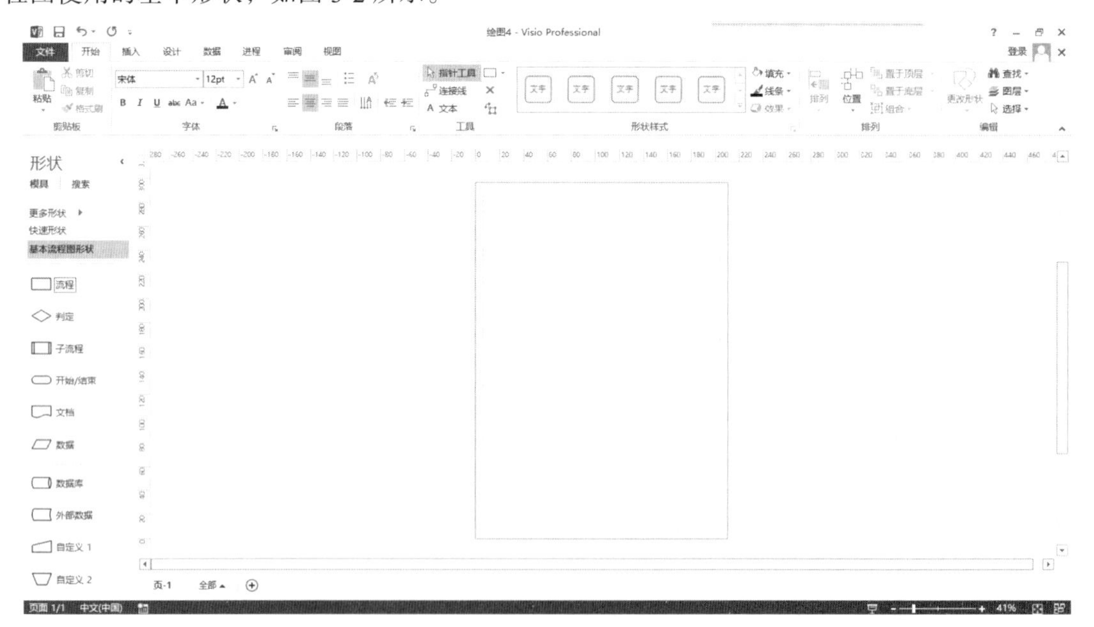

图 3-2　Visio 绘图界面

（3）工具栏主要功能如图 3-3 所示。

（4）将左边“形状”窗口中模具上的形状拖到绘图页上，如图 3-4 所示。

（5）在拖入的形状内输入汉字注释，如图 3-5 所示。

图 3-3　工具栏界面

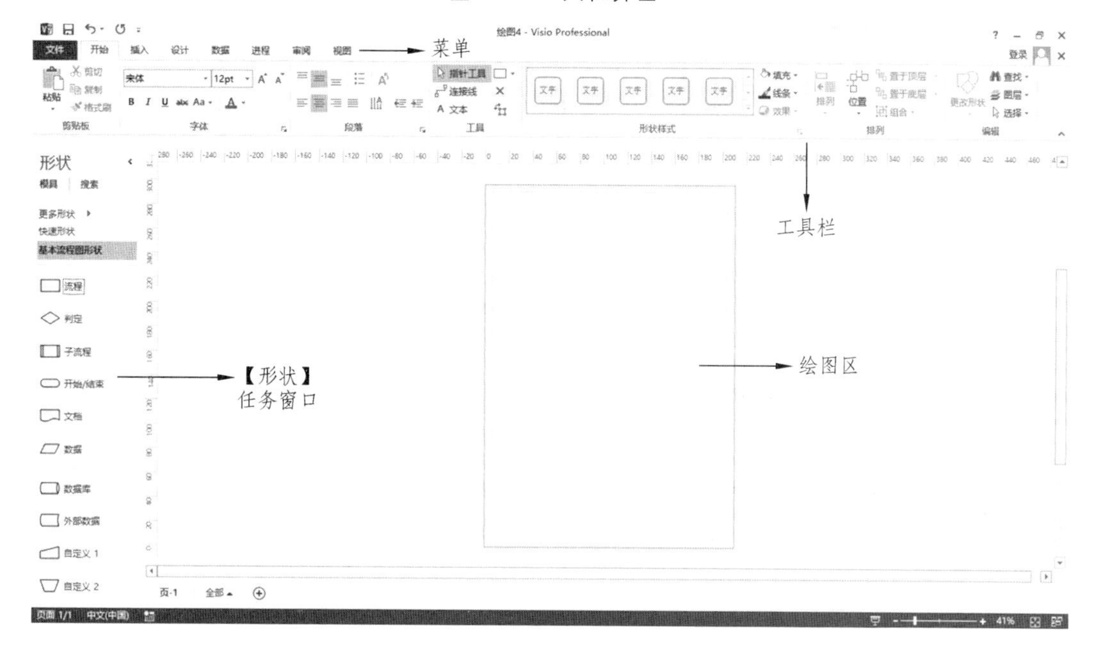

图 3-4　拖动形状窗口模具

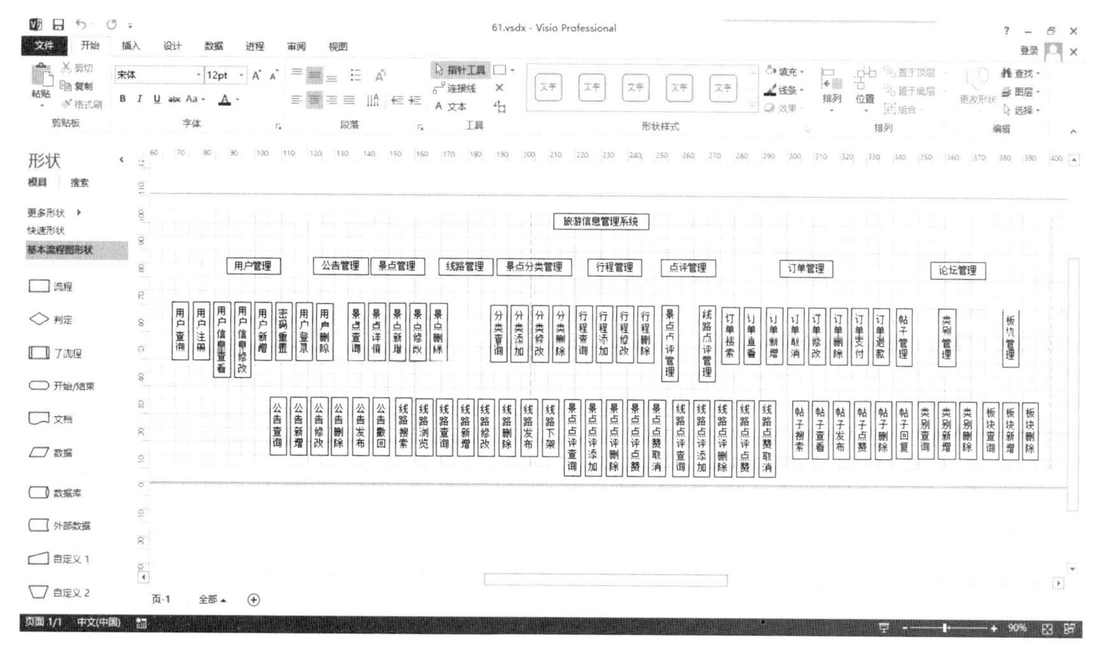

图 3-5　形状效果界面

（6）使用“开始”菜单里的连接线功能绘制流程图的连接线，如图 3-6 所示。

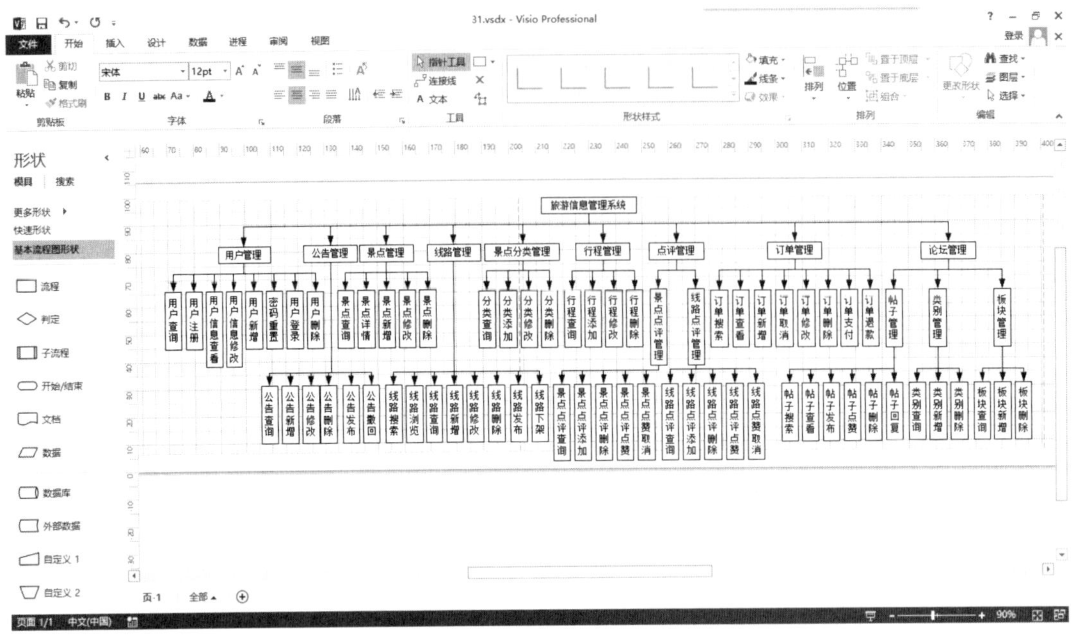

图 3-6　连接线效果界面

（7）这样一个功能模块层次图就画好了，可将该矢量图保存，也可直接拷贝粘贴到 word 文件中。

3.2.3　Axure RP

Axure RP 是美国 Axure Software Solution 公司开发的旗舰产品，是一个专业的快速原型设计工具，能够辅助产品经理快速设计完整的产品原型，并结合批注、说明以及流程图、框架图等元素将产品完整地表述给各方面设计人员，如 UI、UE 等，并在讨论中不断完善，支持多人协作设计和版本控制管理。

Axure RP 的使用者主要包括商业分析师、信息架构师、可用性专家、产品经理、IT 咨询师、用户体验设计师、交互设计师、界面设计师、架构师、程序开发工程师等。

Axure RP 界面主要包括：

（1）主菜单和工具栏：执行常用操作，如文件打开、保存文件、格式化控件、自动生成原型和规格说明书等操作。

（2）站点地图面板：对所设计的页面（包括线框图和流程图）进行添加、删除、重命名和组织页面层次。

（3）控件面板：该面板包含线框图控件和流程图控件，另外，还可以通过载入已有的部件库来创建自己的部件库。

（4）模块面板：一种可以复用的特殊页面，在该面板中可进行模块的添加、删除、重命名和组织模块分类层次。

（5）线框图工作区：线框图工作区也叫页面工作区，是用户进行原型设计的主要区域，在该区域中可以设计线框图、流程图、自定义部件、模块等。

（6）页面注释和交互区：添加和管理页面级的注释和交互。

（7）控件交互面板：定义控件的交互，如链接、弹出、动态显示和隐藏等。

（8）控件注释面板：对控件的功能进行注释说明。

Axure RP 使用如下：

（1）打开 Axure RP 之后，在首页选择“新建文件”，开始建立一个新的项目，如图 3-7 所示。

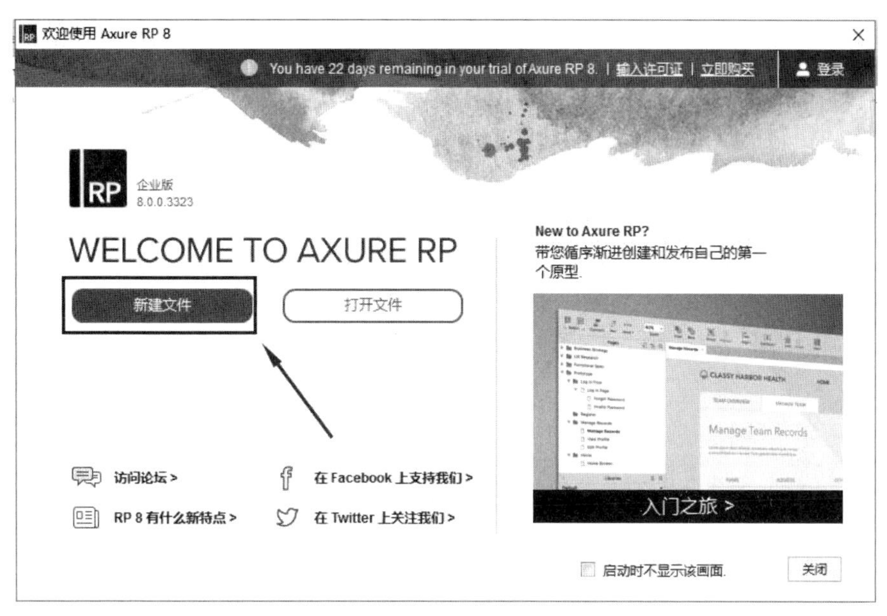

图 3-7　Axure RP 新建界面

（2）选择左侧栏中的“page1”，在右边边框中开始创建新的界面内容。在元件库中选择一个新的元件拖拽至右边边框即可，比如拖拽一个矩形框，如图 3-8 所示。

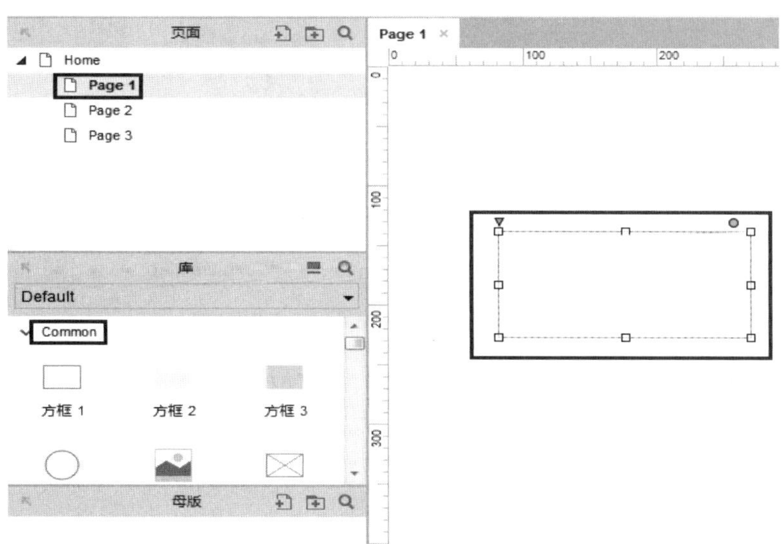

图 3-8　矩形框的创建

（3）针对某一具体部件，可以选中元件，然后在其右侧“属性”栏中设置相应部件属性值，比如在矩形框中输入适合的文字，如图 3-9 所示。

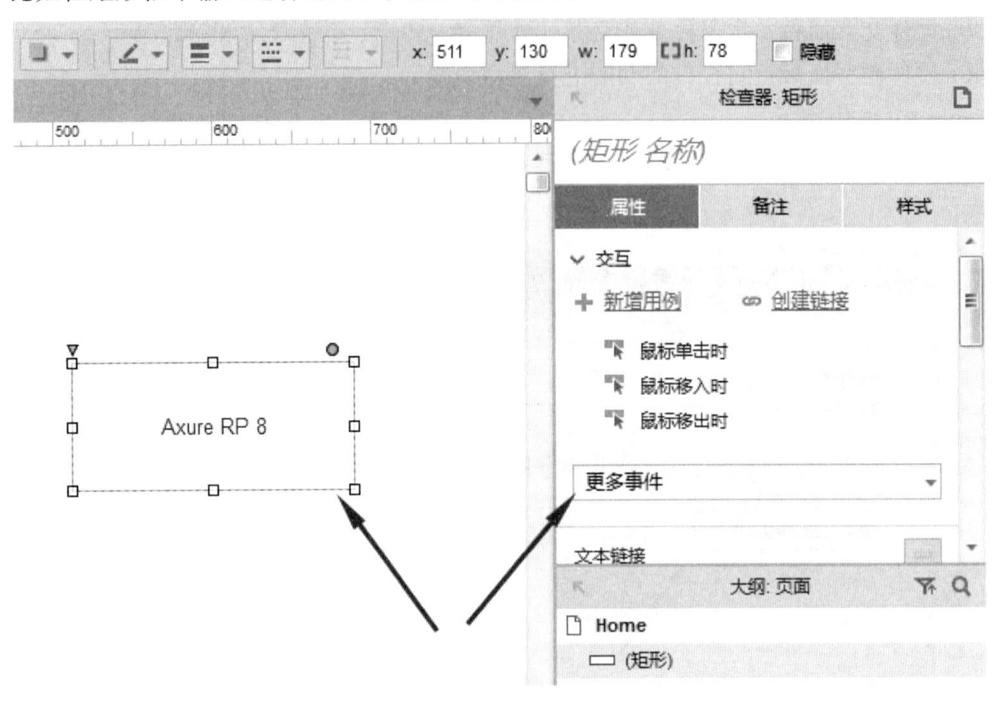

图 3-9　文字编辑效果图

（4）如果需要跳转至其他界面，可以拖拽一个按钮至界面，并且在相应的按钮中设置链接，点击设置按钮属性值“创建链接”，并且选择相应的跳转界面，如图 3-10 所示。

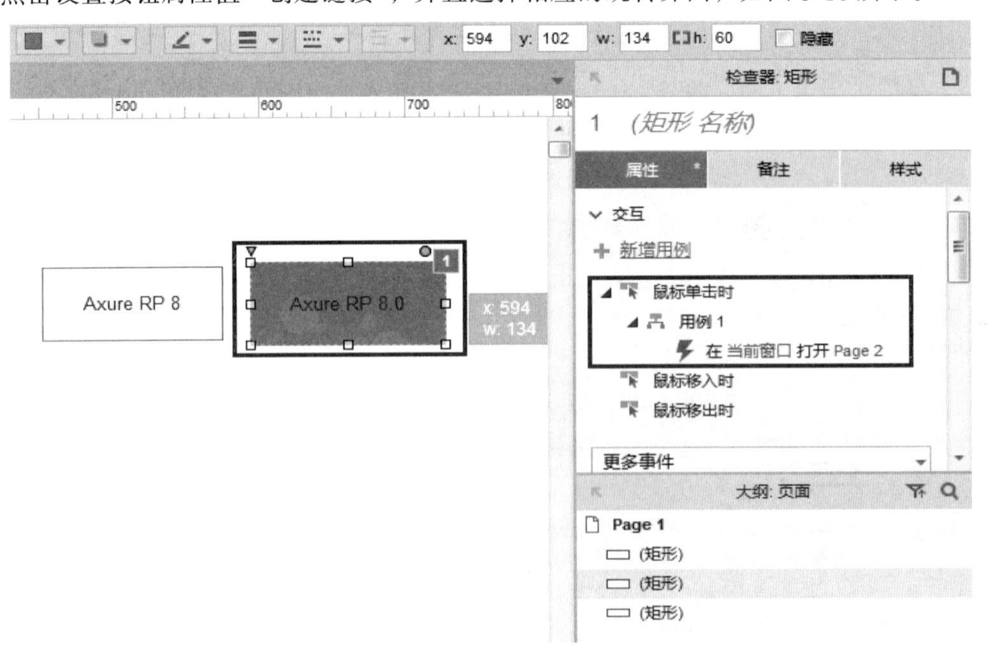

图 3-10　创建页面连接效果图

（5）与此同时，需要设置跳转界面（新界面）Page2 内容，选择“Page2”添加新的元件并且修饰即可，其操作与 Page1 基本相似，如图 3-11 所示。

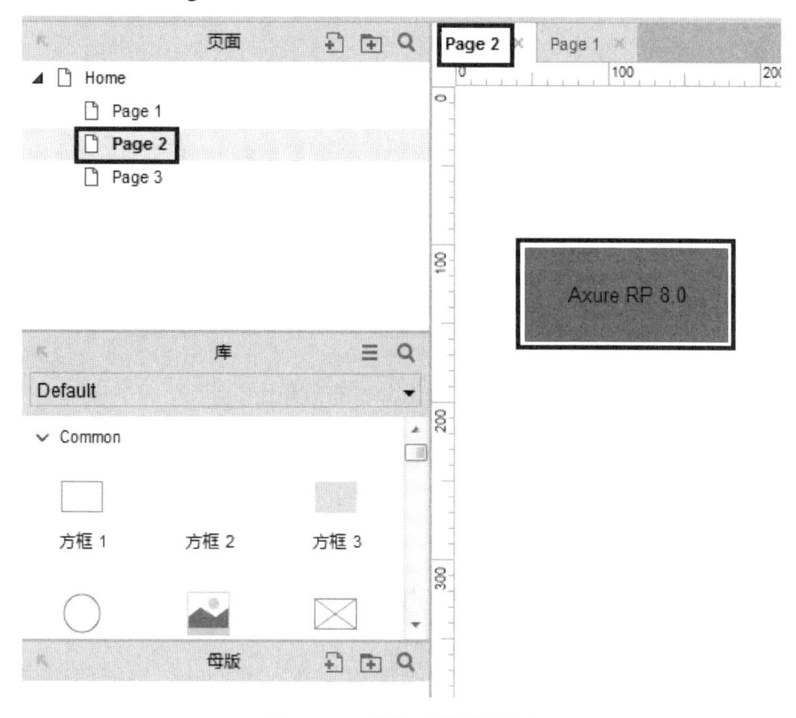

图 3-11　跳转页面效果图

（6）界面布局完成之后，可以点击右上角“预览”查看效果，效果图会在网页中展示，如果不满意，还可以返回继续修改。预览效果如图 3-12 和图 3-13 所示。

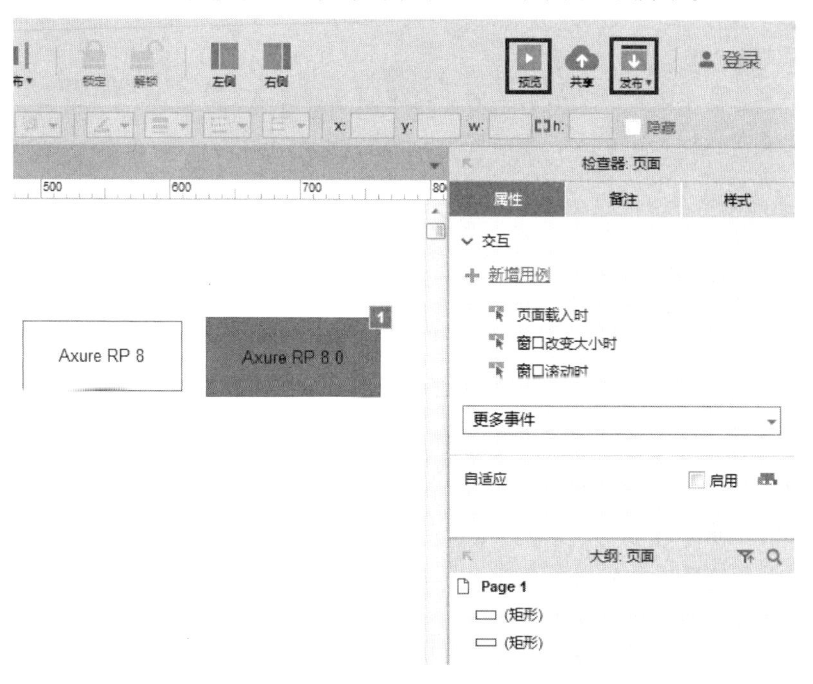

图 3-12　预览和发布功能图

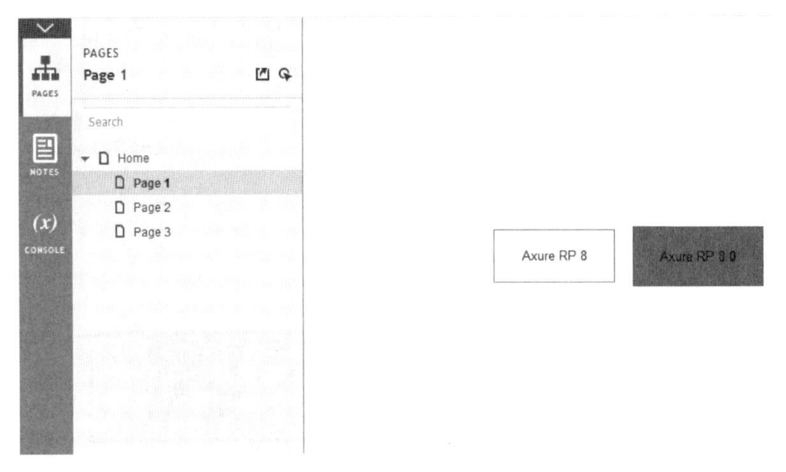

图 3-13 预览和发布效果图

3.3 需求规格说明书

3.3.1 需求规格说明书内容及编写要点

在需求分析阶段，软件需求规格说明书的编写是必不可少的，它能使用户和软件开发者双方对该软件的初始规定有一个共同的理解，这是整个项目开发工作的基础。需求规格说明书内容及编写要点如下：

目录

1 引言

1.1 编写目的

说明编写这份软件需求说明书的目的，指出预期的读者。

1.2 项目简介

说明：

（1）待开发的软件系统的名称。

（2）本项目的任务提出者、开发者。

（3）项目应用场景。

（4）项目使用范围。

1.3 缩写与术语

列出本文件中用到的专门术语的定义。

1.4 参考资料

列出使用的参考资料，如：

（1）本项目经核准的计划任务书或合同、上级机关的批文。

（2）属于本项目的其他已发表的文件。

（3）本文件中各处引用的文件、资料，包括所要用到的软件开发标准。列出这些文件资料的标题、文件编号、发表日期和出版单位，并说明能获取这些文件资料的来源。

2 项目概述

2.1 建设目标

叙述该项目软件开发的意图、应用目标、作用范围以及其他应向读者说明的有关该软件开发的背景材料，解释被开发软件与其他有关软件之间的关系。如果本软件产品是一项独立的软件，而且全部内容自含，则说明这一点；如果所定义的产品是一个更大系统的一个组成部分，则应说明本产品与该系统中其他各组成部分之间的关系。因此，可使用一张方框图来说明该系统的组成以及本产品同其他各部分的联系和接口。

2.2 总体模块图

为将要完成的软件功能提供一个摘要，按照功能的从属关系画成图，图中的每一个框都称为一个功能模块，主要内容包括系统功能框图和总体功能简述。

2.3 用户角色

系统的使用者，指系统里可以登录或者进行其他操作的实体，是拥有部分权限的集合体。

3 系统功能性需求

3.1 XX 模块

3.1.1 特别说明

对角色与模块的操作权限进行说明。

3.1.2 功能模块一

对 XX 模块中的各子模块进行逐一说明，即功能简介和流程说明。

3.2 YY 模块

依据 XX 模块的结构和形式进行说明。

4 系统非功能性需求

正确性：在规定的条件下和规定的时间内，软件不引起系统失效的概率；在规定的时间周期内，在所述条件下程序执行所要求功能的能力。

健壮性：软件对于规范要求以外的输入情况的处理能力。

可靠性：软件产品在规定的条件下和规定的时间区间完成规定功能的能力。

易用性：用户使用软件的方便程度。

清晰性：操作步骤无歧义。

安全性：指的是保护软件的要素，以防止各种非法的访问、使用、修改、破坏或者泄密。这个领域的具体需求包括可靠的密码技术，掌握特定的记录或历史数据集，给不同的模块分配不同的功能，限定一个程序中某些区域的通信，计算临界值的检查等。

可扩展性：软件圤境的变化（可能是业务环境，运行环境）导致软件要进行改动的适应能力。

兼容性：操作系统、异构数据库、新旧数据转换的兼容能力。

系统封装性：对外提供与其他系统交互的接口的能力。

可维护性：规定若干需求以确保软件是可维护的。

5 其他需求

5.1 数据精确度

说明对该软件的输入、输出数据精度的要求，可能包括传输过程中的精度。

5.2 时间特性

说明对于该软件的时间特性要求，如：

（1）响应时间。

（2）更新处理时间。

（3）数据的转换和传送时间。

（4）解题时间等。

3.3.2 需求规格说明书案例

某公司要开发一款旅游信息管理系统，软件开发团队通过与客户充分沟通，编写如下需求规格说明书：

1 引言

1.1 编写目的

为了让用户和软件开发者双方对系统的初始规定有一个共同的理解，使之成为整个项目开发工作的基础，特制定本软件需求说明书。本文档主要对项目所包含的业务需求进行细致描述，明确项目的业务处理范围，并对系统的功能、输入输出数据和性能要求进行说明，力求准确、清晰、完整地反映用户的需求，使任务提出者与开发者双方对项目的需求有一个共同的理解，使之作为整个开发工作的前提。

本文档是系统分析的一个组成部分，是设计的基础，同时也是作为系统测试、验收确认和操作手册编写的依据。

本文档预期读者：参与项目的业务需求分析人员、系统分析人员、设计人员、开发人员、测试人员。

1.2 项目简介

项目完整名称：旅游信息管理系统

项目提出人员：XXX

项目开发人员：XXX

项目应用场景：随着信息技术和社会的不断发展，越来越多的企业意识到需要借助先进的软件系统来辅助企业的发展，提高自己的服务水平和业务能力，实现企业效率的提升，并减少企业的时间成本。

项目使用范围：本软件适合中小型旅行社以及注册的游客。

1.3 缩写与术语

表 3-1 缩写与术语

缩写、术语	解 释
本系统	旅游信息管理系统
游客	使用管理信息系统所提供服务的人
员工	旅行社的导游或者工作人员
管理员	旅游信息管理系统的维护人员

1.4　参考资料

本文中引用的参考资料和文件：

GB 8567—88《软件设计文档国家标准》，GB 856T—88《软件需求说明书》。

2.　项目概述

2.1　建设目标

（1）随着社会的不断发展，人们生活水平、消费能力不断提高，旅游产品日趋丰富，旅行社对游客、旅游线路、景点的管理有了更高的要求，同时为了向游客提供更高的、更贴心的服务，仅靠人工方式很难达到这样的目的。因此，急切地需要一个管理系统进行支持。

（2）通过本系统，管理人员可以更加方便地管理旅游订单、线路和景点，根据线路和景点的预定情况，方便管理人员对线路和景点进行合理安排，提高旅行社的服务能力，同时也对工作中的流程和服务进行规范，对游客提供统一化的服务，提高旅行社自身的形象。

（3）通过本系统，一线工作人员可以实时了解到自己的工作安排，包括景点介绍、线路安排等，提高了员工的工作效率。

（4）通过本系统，游客可以管理自己的订单信息，更清晰地了解到自己旅游线路和景点的相关信息，方便游客规划自己的旅游重点，同时也能促进游客间的交流和互动。

2.2　总体模块图

1. 系统功能框图

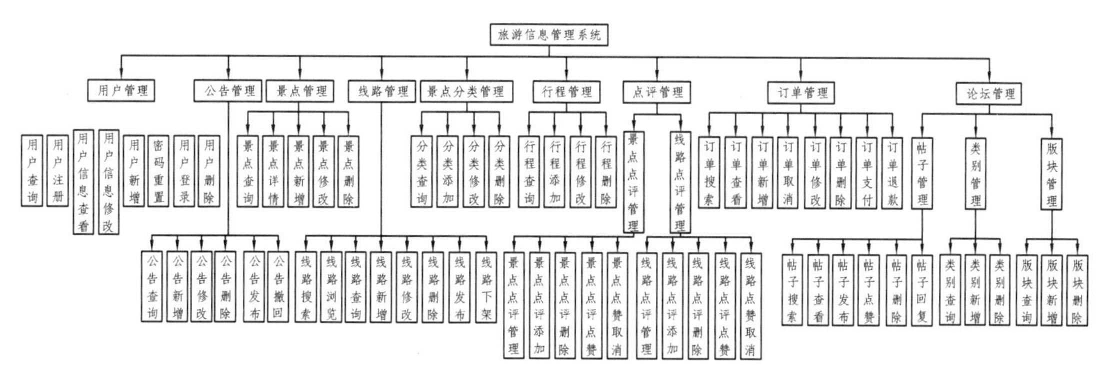

图 3-14　系统功能框图

2. 总体功能简述

用户管理：该模块包含用户查询、用户新增、用户删除、用户注册、密码重置、用户信息查看、用户信息修改和用户登录操作。

公告管理：为了方便员工和游客及时了解到最新的信息，管理员可以使用该功能向特定的用户群体发送信息。该功能包含了公告的新增、删除、查询和修改。公告有失效时间，当达到失效时间后自动失效，失效后的公告不能被目标群体接收。

景点分类管理：提供对景点类别进行管理的功能，景点分类包括但不限于自然风景、名胜古迹、博物馆等，种类繁多，为了便于管理和及时使用新的类别，使用景点分类管理方便操作。

景点管理：提供旅游景点信息的管理功能。景点的信息包含景点名称和地址、门票价格、景点类别、景点等级、景点介绍、景点特色以及多张景点图片信息等。

行程管理：行程包括景点、交通、食宿、用餐等，游客可以通过行程查看到整个线路的出游安排。为游客方便起见，行程按照时间排序，一天中的行程则从早到晚进行排序。

线路管理：旅游线路是系统最核心的模块，线路串联了系统中的景点、订单、点评和行程安排。线路中信息众多，由线路详情、费用描述、费用信息、预定须知、安全提示、线路状态（保存、上架、下架、删除）等组成，且部分信息需要上传图片和说明，以及自定义排版等。管理员可以将不同的景点按照行程安排进行组合，为游客提供不同的旅行线路，方便游客进行选择购买。线路需提供发布功能，发布的线路游客才能查看到，发布后线路状态为上架状态，为保证游客查看历史记录，发布后的线路禁止修改。在不需要为游客提供某条线路的情况下，该条线路可以进行下架操作，下架后的线路同样不能进行修改操作，如需删除，只能进行逻辑删除，即将线路状态设置为删除状态。

一条旅游线路可以包含多个行程，一个行程可以包含多个景点。例如成都 2 日游，景点包括宽窄巷子、文殊院、锦里、春熙路、太古里、九眼桥等，那么这些景点的组合形成了成都 2 日游的线路，在详情中提供这些景点的游览安排，如第一天早上 9 点出发，10 点游锦里，12 点吃午饭，下午 13 点游宽窄巷子，14 点游春熙路，16 点游太古里，晚上 18 点晚餐，19 点游九眼桥，第一天行程结束。第二天类似游览其他景点，行程安排中的景点即为线路中景点。

点评管理：点评管理包含景点点评管理和线路点评管理。线路点评为游客使用线路后对该线路发表的行程感悟，包含点评内容、评分和图片信息。景点点评为游客对景区环境、景区服务等发表的个人看法，也包含了对内容和图片的点评。

订单管理：订单管理包含预定、支付、修改、取消等操作，该功能为游客触发，支付完成后也可以进行退款操作，退款后该订单不能生效。

论坛管理：包含版块管理、类别管理、帖子管理。为了方便游客之间进行交流，游客可以使用论坛进行心得交流或者相互咨询等。管理员可以进行论坛版块、论坛类别以及帖子的管理，游客可以进行发帖、回复等操作。

2.3 用户角色

管理员：负责对系统进行设置和管理，以及对整个系统的信息进行维护。

员工：对游客信息进行查看，了解游客信息，同时可以查看旅游线路介绍以及景点介绍等。

游客：可以进行线路的购买，查看线路介绍，了解线路安排、景点信息等，以及在论坛或点评中和其他游客进行交流互动。

3 系统功能性需求

3.1 用户管理

3.1.1 特别说明

用户新增功能由管理员进行操作，可以新增游客、管理员和员工信息。

用户删除由管理员进行操作，只能删除除自身外的员工信息，游客信息禁止删除。

用户忘记密码时可以进行密码重置，既可以通过管理员进行操作，也可以通过发送邮件进行操作，重置密码后的用户必须修改密码后才能登录系统。

管理员可以查看所有员工和游客信息，员工只能查看所负责线路中的游客的信息，旅行社工作人员信息所有人员均可以查看。

用户只能修改自己的个人信息，管理员可以主动修改员工信息。

3.1.2 用户查询

功能简介：

员工和管理员可以对用户进行查询，查询为列表形式。

员工通过输入邮箱、手机号码等进行筛选，且只能筛选自己所负责线路中的游客信息，避免员工可以接触到大量的客户信息，造成客户信息泄露。

管理员可以进行模糊搜索或者直接查询。

3.1.3 用户注册

功能简介：

任何人员均可以注册成为本系统用户，通过注册功能默认注册为游客。注册成功的用户需要接收邮件进行激活，未激活的用户不能使用系统。

流程说明：

注册时验证邮箱是否已经注册，如果已经注册，则不能继续注册，同时跳转到发送激活邮件界面，提示用户发送邮件激活账户。

如果邮箱未注册，则验证密码强度、邮箱合法性，保存账户信息并设置角色为游客。

激活邮件需要有时间限制，如果用户没有激活，则不能使用系统。

3.1.4 用户新增

功能简介：

为管理员提供的添加员工或者管理员的功能，该功能不能添加游客，在新增界面选择新增员工或管理员，根据选择为新增的信息设置对应的角色。

流程说明：

注册时邮箱不能重复，已经存在邮箱不能继续注册，密码设置为空，注册完成后发送激活邮件给被注册的邮箱，用户收到邮件后激活并设置密码。

激活邮件需要有时间限制，如果用户没有激活，则不能使用系统。

3.1.5 用户删除

功能简介：

当员工离职后，不能继续使用本系统，因此管理员需要删除离职员工的信息。该功能为管理员删除离职员工信息使用，不能删除游客和自身的信息。

流程说明：

需要判断操作用户是否为管理员，非管理员没有权限操作该功能；还会判断被操作用户是否为员工，非员工不能被删除。

3.1.6 密码重置

功能简介：

当用户忘记密码后，使用该功能重置密码。用户输入注册邮箱后，系统发送重置密码邮件到该邮箱，用户通过重置密码邮件进入系统后进行密码修改。

流程说明：

用户接收重置密码邮件后点击链接到系统，在跳转过程中验证链接中隐藏的信息是否正确以及邮件是否超时，如果条件都满足跳转到修改密码界面，否则提示错误。

3.1.7 用户信息查看

功能简介：

为了保证游客的信息安全，不同情况所查看的内容是不一样的，游客可以查看员工的详细信息，员工只能查看游客的简要信息，游客之间只能查看基础信息，管理员可以查看到系统所有游客、员工的详细信息。

流程说明：

需要根据当前操作用户和被查看用户的关系展现不同的内容。管理员可以查看到所有用户的详细信息，用户可以查看本人的详细信息，员工可以查看所有用户的基础信息，游客只能查看员工的详细信息，无权查看其他游客信息。

3.1.8 用户信息修改

功能简介：

本人可以修改所有信息，管理员可以修改员工信息和本人信息，但不能修改游客信息。

3.1.9 用户登录

功能简介：

根据不同的角色登录到不同的页面中，游客登录完成后跳转到游客首页，管理员和员工则跳转到管理后台中。

用户登录操作需要记录到登录历史中。

流程说明：

登录时判断用户密码是否匹配，如果不匹配则提示错误，系统设置了密码输入错误阈值，当达到密码错误阈值时，自动锁定用户，当用户被锁定后，记录锁定时间，在锁定的时间内，用户不能继续进行登录操作，当锁定时间超时后，系统自动解锁用户。

匹配成功后检查用户状态，如果为未激活状态，则跳转到激活邮件发送界面，提醒用户发送激活邮件进行激活。

当登录用户为员工并且为初始化状态时，在激活的同时验证密码是否已经存在，不存在则跳转到设置密码的界面，设置完成后才能继续操作，否则不能进行任何操作。

3.2 公告管理

3.2.1 特别说明

公告是系统中管理员向用户群体推送的消息或通知。公告只能由管理员进行操作，员工和游客只能被动接收公告信息。公告须设置接收群体，管理员可以将线路变动、员工奖惩等信息以公告的形式发送给特定目标。

公告有保存、发布、失效、撤回状态，新增的公告为保存状态，需要手工进行发布，发布后的公告才能被接收，当公告在有效期内但不再需要被接收的时候可以主动撤回。

3.2.2 公告查询

功能简介：

公告的查询分为两种方式，公告的目标用户在首页可以查看到滚动的公告信息，而管理员可以在列表页进行筛选查询。

3.2.3 公告新增

功能简介：

公告新增需管理员进行操作，同时需要提供公告状态，只有发布状态的公告才能被用户访问到，否则不能被查看到。管理员新增公告需要选择面向的用户群体，默认所有用户群体都可以查看到相关公告。

流程说明：

填入公告内容，选择目标群体、公告有效期后保存，保存后的公告可以修改和删除，同时提供发布功能，将公告发布到目标群体中，公告在有效期后自动过期。

3.2.4 公告修改

功能简介：

只有保存状态的公告和撤回状态的公告才能被修改，失效和发布的公告不能被修改，已经发布的公告可以撤回。

3.2.5 公告删除

功能简介：

可以删除失效的公告与保存状态的公告，该删除为物理删除，不能进行恢复。

3.2.6 公告发布

功能简介：

保存状态的公告有发布按钮，点击发布按钮后修改公告状态为已发布状态。

3.2.7 公告撤回

功能简介：

发布状态的公告可以进行撤回操作，避免用户因误操作等原因发布了错误的公告。

流程说明：

非发布状态的公告不能操作。

3.3 景点分类管理

3.3.1 特别说明

该功能只能由管理员进行操作。如果景点类别已经在景点中使用，则不能进行删除和修改操作。

3.3.2 分类查询

功能简介：

该功能是管理员为管理分类使用的列表查询，该查询只能由管理员使用。

3.3.3 分类添加

功能简介：

管理员可以对类别进行新增，类别名称不能重复。

3.3.4 分类修改

功能简介：

管理员可以对景点分类进行修改，但已经使用的景点类别不能修改。

3.3.5 分类删除

功能简介：

管理员可以对景点分类进行删除。

流程说明：

删除前需要确认景点中没有使用该类别，如有使用，则操作不成功，并提示错误信息。

3.4 景点管理

3.4.1 特别说明

只有管理员才能进行景点信息的新增、删除和修改，其余用户只能进行查询。

3.4.2 景点查询

功能简介：

管理员和员工可以查询景点列表，而游客不能直接进行景点列表的查询。

流程说明：

管理员和员工在列表界面可以通过输入筛选要素进行筛选。

3.4.3 景点详情

功能简介：

所有人都可以查看景点详细介绍，游客通过进入线路的相关景点查看详情。员工通过关键字进行列表搜索后进入相应景点查看详细介绍。

3.4.4 景点新增

功能简介：

管理员可以添加景点信息。

流程说明：

景点包含多个图片信息，图片数量不限，因此需要动态增加图片信息。

3.4.5 景点修改

功能简介：

只有管理员可以对景点信息进行修改。如果景点在线路中使用，则不能进行修改操作。

流程说明：

景点的任何信息均可以修改，图片可以删除和新增。

3.4.6 景点删除

功能简介：

景点如果在线路中使用则不能进行删除，该删除为物理删除，删除后不能恢复。

流程说明：

该删除由管理员进行操作，删除后同时需要删除景点的附件信息和已经上传的图片信息。

3.5 线路管理

3.5.1 特别说明

线路介绍、预定须知等信息需要使用富文本编辑器，由管理员负责编辑内容。编辑富文本内容后直接展示给用户，方便管理，不需要对内容进行过度细化，方便处理。

3.5.2 线路查询

功能简介：

管理员和员工查询线路列表，游客可以在查询界面查询线路的图文列表。

3.5.3 线路浏览

功能简介：

所有人员都可以查看某一线路详情信息。

3.5.4 线路新增

功能简介：

管理员可以添加线路信息，在添加的同时可以添加行程信息，也可以在保存后单独进行行程的添加，添加完成的线路为保存状态，管理员可以进行修改。

3.5.5 线路修改

功能简介：

保存状态的线路可以进行修改，修改可以对任意信息项进行修改，没有限制。

流程说明：

不能修改发布状态和下架状态的线路。

3.5.6 线路删除

功能简介：

保存状态的线路可以进行物理删除，发布状态的线路禁止进行删除操作，下架状态的线路可以进行逻辑删除。

3.5.7 线路发布

功能简介：

线路编辑完成后可以发布到系统中，游客即可查看到发布后的线路，线路一经发布则不能进行修改和删除操作。

3.5.8 线路下架

功能简介：

当线路不再需要提供给游客进行购买的时候，可以下架该线路，下架后游客不能继续购买，已经购买线路的游客可以通过订单查询到该线路情况和点评情况，但其他游客不能通过搜索进行预订。下架后的线路不能进行物理删除，只能逻辑删除。

3.6 行程管理

3.6.1 行程查询

功能简介：

行程查询分为两个不同的情况，游客查询行程时，只能在线路详情中进行查询展示，且行程为当前线路的所有行程；管理员则可以在管理界面单独查询所有行程。

3.6.2 行程添加

功能简介：

行程和线路相互依赖，添加的行程应属于某一个线路，不能添加没有线路的行程安排，行程在同一天的某个时间不能重复，行程类别有交通、景点、住宿、用餐等，一个行程中可以包含多个景点。当行程所属线路状态为上架或下架，则不能对行程信息进行维护。

3.6.3 行程修改

功能简介：

行程是否可以修改依赖线路的状态，如果线路已经发布或者下架，则不能进行修改，且同一天的时间点安排不能重复。

3.6.4 行程删除

功能简介：

行程信息删除依赖行程的状态，当行程为保护状态时，行程可直接删除，否则行程删除操作是将行程状态修改为删除状态。

3.7 点评管理

3.7.1 景点点评管理

功能简介：

景点点评是游客对景点的旅游情况、景点风景、可玩性、周边服务等发表的自我感受，点评内容可以进行点赞和取消点赞。

3.7.1.1 景点点评查询

功能简介：

游客和管理员可以查询景点点评列表，但展示方式和查询过程是不同的，管理员可以直接查询所有景点点评，游客只能查询某一景点下的所有点评，点评作为景点的组成部分，不单独形成功能。

流程说明：

游客在景点详情中按照点评时间查询排序，最新点评在列表前，在景点中的点评列表不能被筛选；管理员可以在管理功能中筛选点评，且管理员可以查询所有景点的点评。

3.7.1.2 景点点评添加

功能简介：

游客可以对任意景点添加点评内容。必须输入点评内容且有最少字数限制，应避免无意义点评，点评图片也有限制。

3.7.1.3 景点点评删除

功能简介：

游客可以删除自己的点评信息，删除点评须同时删除点评的文字信息和图片。同时管理员可以删除不合规则的点评信息。

3.7.1.4 景点点评点赞

功能简介：

游客可以对自己感兴趣的点评点赞，点赞后累计点赞数需要增加。在点评信息旁边显示点赞数。

3.7.1.5 景点点赞取消

功能简介：

游客可以取消自己点赞及评论，取消的点赞必须是本人点赞的部分，取消后点赞的合计点赞数应减少。

3.7.2 线路点评管理

线路点评是游客旅行结束后发表的感悟或者旅行游记，用来记录游客对该次旅游的感悟感言，其他游客可以进行点赞和取消点赞的操作。

3.7.2.1 特别说明

线路点评只能由游客发起，点评包含得分、图片、文字说明，其他游客可以点赞。

3.7.2.2 线路点评查询

功能简介：

游客和管理员可以查询线路点评列表，但展示方式和查询过程是不同的，管理员直接可以查询所有点评，游客只能查询某一线路下的所有点评，点评作为线路的组成部分，需要展示在对应线路的详情页中。

3.7.2.3 线路点评添加

功能简介：

游客可以对任意线路进行点评操作，员工和管理员不能添加点评信息，点评信息包含评分、点评内容以及点评图片。

3.7.2.4 线路点评删除

功能简介：

游客可以删除自己的点评信息，删除点评须同时删除点评的图片内容以及已经上传的图片信息。管理员可以删除不合规的点评信息。

3.7.2.5 线路点评点赞

功能简介：

游客可以对自己感兴趣的点评点赞，点赞后累计点赞数需要增加。

3.7.2.6 线路点赞取消

功能简介：

游客可以对自己点赞的评论取消点赞，取消的点赞必须是本人点赞的部分，取消后点赞的合计点赞数应减少。

3.8 订单管理

3.8.1 特别说明

用户在浏览线路的时候可以直接进行预定，即将线路订购信息添加至订单中，用户可以在我的订单中查看到该信息，并可以选择支付或取消操作。支付后不能进行再次支付。

可以进行分类展示，按照不同的订单状态进行展示，方便游客查阅自己的订单信息。

3.8.2 订单搜索

功能简介：

游客可以查询自己的订单列表信息，管理员可以筛选所有游客的订单信息。

3.8.3 订单查看

功能简介：

游客可以查看自己的订单信息，管理员可以查看所有用户的订单信息，订单详细信息中有购买线路的付款总价、出行人数、付款方式等详细信息和预定的线路详细信息。

3.8.4 订单新增

功能简介：

即游客预定线路并输入购买信息后进入订单系统，新增订单为未付款状态，需要游客进行后续操作。

3.8.5 订单取消

功能简介：

未付款订单才能取消，取消订单即为订单的删除操作，取消订单为物理删除。

3.8.6 订单修改

功能简介：

未付款订单可以修改购买数量，删除预定的线路的数量信息或订单中某一条线路信息，订单没有任何线路信息时自动删除该订单信息。

3.8.7 订单删除

功能简介：

未付款订单可以物理删除，未完成行程的订单不能进行删除，完成行程的订单可以逻辑删除，逻辑删除后的订单游客不可见，管理员可以在订单列表中查看。

3.8.8 订单支付

功能简介：

游客对订单进行支付操作，支付完成后状态变为已支付，支付但未使用的订单可以申请退款操作，已完成行程的订单不能退款。

3.8.9 订单退款

功能简介：

已支付的订单可以申请退款，退款操作需将游客支付的金额按照不同的付款方式返还原有账户中，如微信支付的金额退回到微信账户中，不能进行跨支付方式退款。

3.9 论坛管理

3.9.1 版块管理

将论坛分为不同的版块，即论坛的大类，如酒店住宿、攻略、交流等。

3.9.1.1 版块查询

功能简介：

所有人员都可以查询版块列表信息，管理员查看的是列表信息，游客查看的是美化后的图文信息。

3.9.1.2 版块新增

功能简介：

管理员可以添加版块，版块名称不能重复。

3.9.1.3 版块删除

功能简介：

管理员可以删除版块下无类别的版块，如果版块下存在类别，则不能删除。

3.9.2 类别管理

类别作为论坛的小类，是对版块的细分，如交流版块中有摄影交流、吃货天堂等类别。

3.9.2.1 类别查询

功能简介：

所有人员都可以查询到论坛类别，管理员查询为列表内容，游客查询到的是美化后版块下的组成部分。

3.9.2.2 类别新增

功能简介：

管理员可以对版块下类别进行添加操作，类别名称不能重复。

3.9.2.3 类别删除

功能简介：

管理员可以删除类别下无帖子的类别。

3.9.3 帖子管理

游客可以将旅游见闻、心得、攻略等信息发布到类别中，供其他游客查阅。帖子可以进行点赞、回复等操作，方便游客间交流。

3.9.3.1 帖子搜索

功能简介：

帖子搜索分为论坛首页的搜索和版块内帖子搜索。论坛首页展示内容为分版块按照帖子热度展示热度靠前的几条帖子信息。游客可以在首页搜索所有版块帖子内容，版块内帖子搜索则搜索结果为当前版块内的内容。管理员可以搜索、管理所有帖子。

3.9.3.2 帖子查看

功能简介：

进入帖子详情后，可以查看到帖子的点赞信息和跟帖情况，在详情界面可以进行回帖操作和点赞操作，以及对帖子回复内容的感兴趣部分继续跟帖回复。管理员也可以搜索、查看帖子，管控内容是否合规，对于不合规的帖子可以进行删除。

3.9.3.3 帖子发布

功能简介：

游客根据自己需要发布相关帖子，帖子可以配一定数量的图片。

3.9.3.4 帖子点赞

功能简介：

游客对某一篇帖子有兴趣则可以对其点赞，也可以取消点赞。

3.9.3.5 帖子删除

功能简介：

管理员和发帖本人可以删除帖子，用户可以随意删除自己发布的帖子，删除后需删除其他相关信息，如果帖子出现违法违规的内容，管理员可以主动删除帖子。

3.9.3.6 帖了回复

功能简介：

游客可以对某一篇帖子进行回复，回复后其他人也可以对该回复进行回复，即可以无限进行回复。

4 系统非功能性需求

表 3-2 系统非功能性需求

主要质量属性	详细要求
正确性	系统能保证业务数据处理正确，并保持与其他系统的数据一致

续表

主要质量属性	详细要求
健壮性	在集中模式下能支撑全行范围内用户的使用，且多个渠道接入
可靠性	系统保证在运行期间安全可靠； 对重要数据具有备份和恢复机制；
可靠性	对系统异常情况处理具有容错功能； 具有全套的异常情况应急处理方案和措施
易用性	业务处理逻辑合理，错误提示准确清晰
清晰性	操作步骤无歧义
安全性	确保本系统不被非法入侵； 确保系统内信息通过网络传输时不会被窃取和修改； 确保系统使用者的身份不被盗用，只有认证用户才能使用本系统； 由权限机制保证的访问控制能保证不同级用户对不同资源的使用
可扩展性	数据库的设计应考虑可扩展性，以适应今后业务发展的需要； 系统设计中对数据采集的设计应考虑对新增数据源的支持
兼容性	使用 weblogic 中间件产品，在各种操作系统间可方便移植； 能适应多种机型
系统封装性	对外提供与其他系统交互的接口。
可维护性	在程序的开发过程中，应遵循结构化的程序设计原则，设立运行日志，加强系统的可维护性

5 其他需求

5.1 数据精确度

当用户进行条件查询时，查询结果显示的是用户所需要的内容。

金额：当单位为元时，保留 2 位小数显示精度为分；当单位为万元时，保留 6 位小数精度到分。

时间精度：预定线路进度精确到天，下单时间精确到秒，操作时间精确到毫秒。

5.2 时间特性

在正常的网络环境下，应能够保证系统的及时响应；

预订线路时需要提前若干天进行。

3.3.3 权限矩阵

在用户管理功能模块中，分为用户注册、用户新增、密码重置、用户删除、用户查询、用户信息查看、用户信息修改和用户登录八个子功能模块（见图 3-14），每个模块针对不同的对象实现相应的功能，如表 3-3 所示。用户注册是针对游客而言的；用户新增和用户删除是由管理员执行的；密码重置、用户信息查看、用户信息修改和用户登录是针对所有人的；而业务员和管理员可以进行用户查询。

在公告管理功能模块中，分为公告新增、公告发布、公告修改、公告删除、公告查询和公告撤回六个子功能模块，每个模块针对不同的对象实现相应的功能，如表 3-4 所示。公告新增、公告发布、公告修改、公告删除和公告撤回是由管理员实现的；而游客、业务员和管理员可以进行公告查询。

表 3-3　用户管理功能模块

功能模块	一级	游客	业务员	管理员
用户管理	用户注册	★		
	用户新增			★
	密码重置	★	★	★
	用户删除			★
	用户查询		★	★
	用户信息查看	★	★	★
	用户信息修改	★	★	★
	用户登录	★	★	★

表 3-4　公告管理功能模块

功能模块	一级	游客	业务员	管理员
公告管理	公告新增			★
	公告发布			★
	公告修改			★
	公告删除			★
	公告查询	★	★	★
	公告撤回			★

在景点分类管理功能模块中，分为分类查询、分类添加、分类删除和分类修改四个子功能模块，每个模块针对不同的对象实现相应的功能，如表 3-5 所示。景点分类添加、景点分类删除和景点分类修改是由管理员实现的；而游客、业务员和管理员可以进行景点分类的查询。

表 3-5　景点分布管理模块

功能模块	一级	游客	业务员	管理员
景点分类管理	分类查询	★	★	★
	分类添加			★
	分类删除			★
	分类修改			★

在景点管理功能模块中，分为景点查询、景点详情、景点新增、景点修改和景点删除五个子功能模块，每个模块针对不同的对象实现相应的功能，如表 3-6 所示。游客、业务员和管理员可以进行景点查询和景点详情，而景点新增、景点修改和景点删除是由管理员实现的。

在线路管理功能模块中，分为线路搜索、线路浏览、线路查询、线路新增、线路修改、线路删除、线路发布、线路下架等八个子功能模块，每个模块针对不同的对象实现相应的功能如表 3-7 所示。线路新增和线路删除是由管理员实现的；而游客、业务员和管理员可以进行线路查询和线路查看。

表 3-6 景点管理功能模块

功能模块	一级	游客	业务员	管理员
景点管理	景点查询	★	★	★
	景点详情	★	★	★
	景点新增			★
	景点修改			★
	景点删除			★

表 3-7 线路管理功能模块

功能模块	一级	游客	业务员	管理员
线路管理	线路搜索	★	★	★
	线路浏览	★	★	★
	线路查询			★
	线路新增			★
	线路修改			★
	线路删除			★
	线路发布			★
	线路下架			★

在订单管理功能模块中，分为订单搜索、订单查看、订单新增、订单取消、订单修改、订单删除、订单支付、订单退款等八个子功能模块，同样每个模块针对不同的对象实现相应的功能，如表 3-8 所示。订单新增、订单修改、订单删除、订单取消和订单支付功能是由游客完成的；而游客、业务员和管理员可以进行订单搜索和订单查看，订单退款由管理员操作。

表 3-8 订单管理功能模块

功能模块	一级	游客	业务员	管理员
订单管理	订单搜索	★	★	★
	订单查看	★	★	★
	订单新增	★		
	订单取消	★		
	订单修改	★		
	订单删除	★		
	订单支付	★		
	订单退款			★

在论坛类别管理功能模块中，分为类别新增、类别查询和类别删除三个子功能模块，且三个子功能模块均是由管理员实现的，如表 3-9 所示。

表 3-9　论坛类别管理功能模块

功能模块	一级	游客	业务员	管理员
论坛类别管理	类别新增			★
	类别查询			★
	类别删除			★

在论坛版块管理功能模块中，分为版块新增、版块查询和版块删除三个子功能模块，同时三个子功能模块均是由管理员实现的，如表 3-10 所示。

表 3-10　论坛版块管理功能模块

功能模块	一级	游客	业务员	管理员
论坛版块管理	版块新增			★
	版块查询			★
	版块删除			★

在帖子管理功能模块中，分为帖子搜索、帖子查看、帖子发布、帖子点赞、帖子删除和帖子回复等六个功能模块，每个模块针对不同的对象实现相应的功能，如表 3-11 所示。游客可以删除自己的帖子，管理员可以删除所有帖子；游客可以对帖子点赞和回复，而游客、业务员和管理员都可以搜索帖子、查看帖子、发布帖子。

表 3-11　帖子管理功能模块

功能模块	一级	游客	业务员	管理员
帖子管理	帖子搜索	★	★	★
	帖子查看	★	★	★
	帖子发布	★	★	★
	帖子点赞	★		
	帖子删除	★		★
	帖子回复	★		

第 4 章　项目概要设计

4.1　概要设计概述

4.1.1　概要设计定义

概要设计是将用户目标与需求转换成具体图形接口设计方案的重要阶段，由前一阶段的需求分析得到软件（包括移动应用和网站等）的设计和数据结构。设计时通常将复杂的系统按照不同的功能进行模块化，理清模块之间的层次关系以及调用关系，确定模块间的接口以及用户图形接口，数据结构部分则要根据数据的特征来确定数据的结构并设计出相应的数据库系统。

在本案例中，概要设计需要包含以下几个部分：

1. 总体设计

（1）决定这个项目需要使用什么架构类型（B/S 架构或 C/S 架构）。

（2）决定项目要使用的技术（Web 服务器、数据库、多用户并发处理等）；

（3）软件的运行环境和开发环境。

2. 功能设计

（1）确定软件有哪些功能模块（如本案例中的用户管理模块和公告管理模块）。

（2）数据库设计：确定软件的数据库表；数据库表一旦确定后不要擅自改动；表与表之间的关系一定要思考清楚。

（3）图形用户接口设计：描述系统图形用户接口大致的组成部分，如 logo、功能区、菜单区、展示区域的设计，以及界面风格和操作情况。

（4）安全保密设计：即软件的系统安全性。

4.1.2　数据库设计

数据库（Database）是按照一定数据结构来组织、存储和管理数据的建立在计算机存储设备上的仓库。简单来说可视为电子化的文件柜——存储电子文件的场所，用户可以对文件中的数据进行新增、截取、更新、删除等操作。

例如，企业或事业单位的人事部门常常要把本单位职工的基本情况（职工号、姓名、年龄、性别、籍贯、工资、简历等）存放在表中，这张表就可以看成是一个数据库。有了这个数据仓库就可以根据需要随时查询某职工的基本情况，也可以查询工资在某个范围内的职工人数等。

4.1.3 图形用户接口（界面）设计

图形用户接口（GUI，Graphical User Interface）是人与机器之间传递和交换信息的媒介，该接口设计是对软件的人机交互、操作逻辑、界面美观的整体设计，同数据设计、体系结构设计及过程设计一样重要，其质量直接影响用户对软件产品的评价，从而影响软件产品的竞争力和寿命。好的 GUI 设计不仅让软件变得有个性和品味，还让软件的操作变得舒适、简单、自由。

界面设计中通常要注意如下问题：

（1）简洁性。界面的简洁是要让用户便于使用与了解，并能减少用户发生错误选择的可能性。

（2）用户语言。界面中要使用用户能理解的语言，而不是设计者的语言。

（3）记忆负担最小化。减少对短期记忆的要求，让用户去浏览信息而不是回忆信息。

（4）一致性。界面的结构必须清晰且一致，风格必须与内容相一致。

（5）清晰。在视觉效果上便于理解和使用，清楚地呈现出重要信息。

（6）用户的熟悉程度。用户可通过已掌握的知识来使用界面，但不应超出一般常识。

（7）从用户的观点考虑。设计界面时应想用户所想，做用户所做。用户总是按照他们自己的方法理解和使用软件产品。

（8）排列有序。一个排列有序的界面能让用户轻松的使用。

（9）安全性。用户能自由地做出选择，且所有选择都是可逆的。在用户做出危险的选择时有介入的系统信息的提示。

（10）灵活性。让用户方便使用，可用鼠标、键盘等多种工具实现同一操作。

（11）人性化。高效率和用户满意度是人性化的体现。应具备专家级和初级玩家系统，即用户可依据自己的习惯定制界面，并能保存设置。

通常采用 Visio 或 Axure RP 绘图工具进行界面设计。

4.1.4 用例图

用例图主要用来描述“用户、需求、系统功能单元”之间的关系。它展示了一个外部用户能够观察到的系统功能模型图，帮助开发团队以一种可视化的方式理解系统的功能。一幅用例图包含的模型元素有参与者、用例、子系统以及用例之间的关系。

1. 参与者（Actor）

参与者如图 4-1 所示，表示应用程序或系统进行交互的用户、组织或外部系统，用一个小人表示。

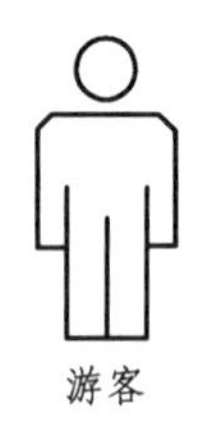

图 4-1　参与者

2. 用例（Use Case）

用例如图 4-2 所示，为外部可见的系统功能，对系统提供的服务进行描述，用椭圆表示。

图 4-2　用例图

3. 子系统（Subsystem）

子系统如图 4-3 所示，被看作是一个黑盒子，用来展示系统的一部分功能，这部分功能联系紧密。子系统用一个方框表示，方框的边线表示系统的边界，描述系统功能的用例均置于方框内，代表外部实体的参与者置于方框外。

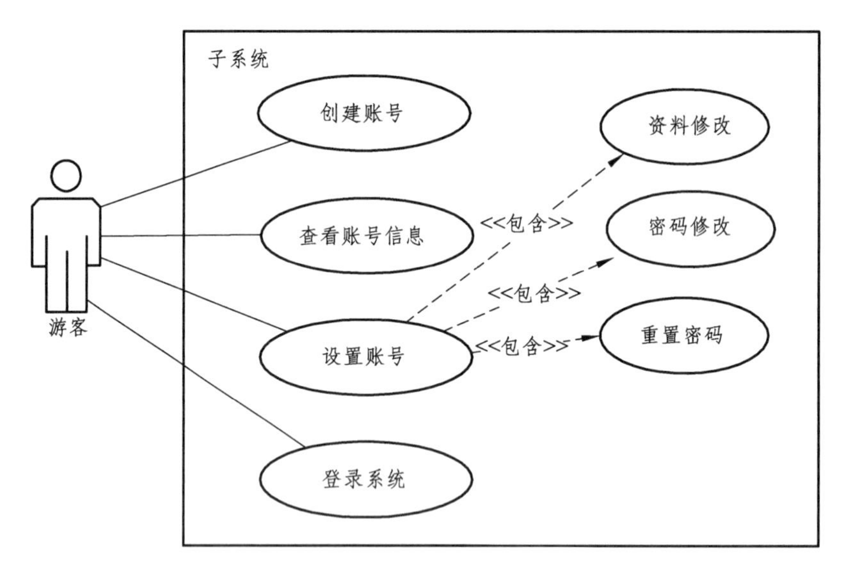

图 4-3　子系统

4. 关系

关系如表 4-1 所示，表示参与者和用例之间的通信联系，参与者激活用例，并与用例交换信息，单个参与者可以与多个用例联系，单个用例也可以与多个参与者联系。用例图中涉及的关系有关联、泛化、包含和扩展。

表 4-1　用例图关系表

关系类型	说　明	表示符号
关联	参与者与用例间的关系	————————
泛化	参与者之间或用例之间的关系	————————▷
包含	用例之间的关系	- - -<<包含>>- - ->
扩展	用例之间的关系	- - -<<扩展>>- - ->

1）关联（Association）

关联表示参与者与用例之间的通信，任何一方都可发送或接受消息，如图 4-4 所示。

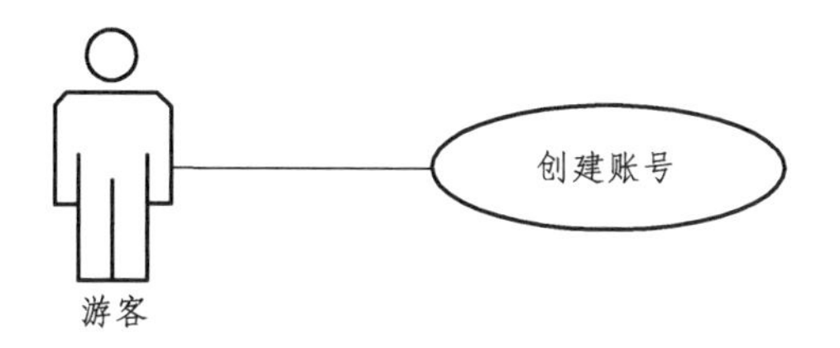

图 4-4　关联关系图

2）泛化（Inheritance）

泛化就是通常理解的继承关系。子用例和父用例相似，但表现出更特别的行为；子用例将继承父用例的所有结构、行为和关系；子用例可以使用父用例的一段行为，也可以重载它；父用例通常是抽象的。泛化图关系如图 4-5 所示，箭头指向的是父用例。

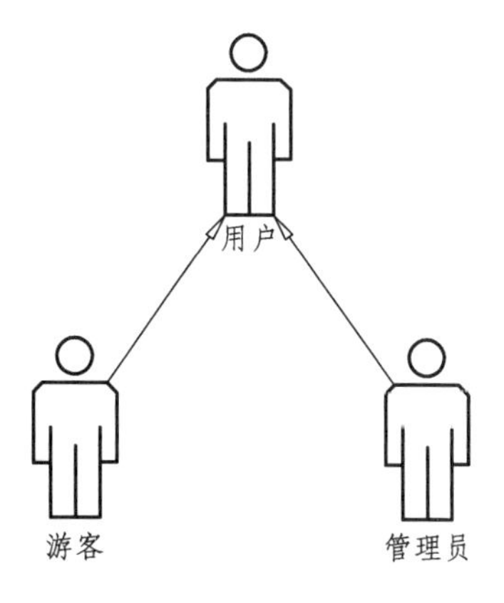

图 4-5　泛化图关系图

3）包含（Include）

包含关系用来把一个较复杂用例所表示的功能分解成较小的步骤，如图 4-6 所示。图中箭头指向分解出来的功能用例。

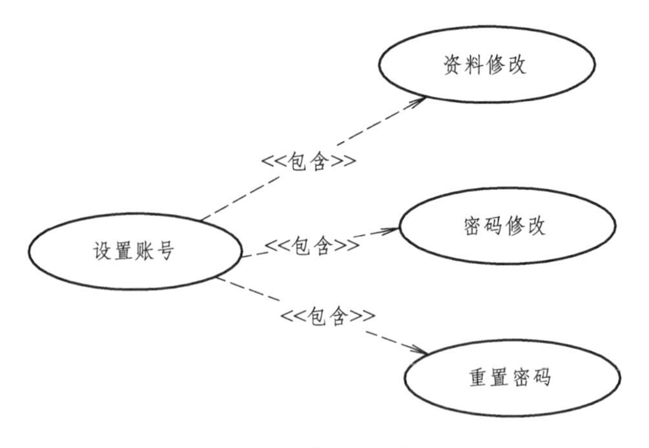

图 4-6　包含关系图

4）扩展（Extend）

扩展关系是指用例功能的延伸，相当于为基础用例提供一个附加功能，如图 4-7 所示。图中箭头指向基础用例。

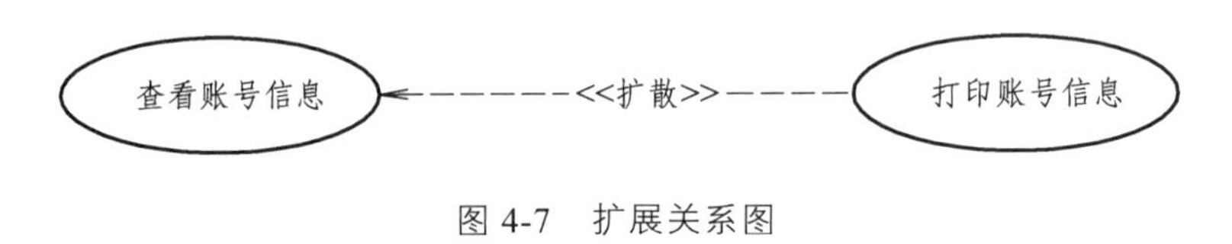

图 4-7　扩展关系图

4.2　概要设计说明书

4.2.1　概要设计说明书内容及编写要点

概要设计说明书内容及编写要点如下：

1　引言

1.1　编写目的

说明编写这份概要设计说明书的目的，指出预期的读者。

1.2　缩写与术语

为了便利使用，由较长的汉语语词缩短省略而成的汉语语词及专业用词。

1.3　参考资料

列出有关的参考文件，如：

（1）本项目的经核准的计划任务书或合同，上级机关的批文。

（2）属于本项目的其他已发表文件。

（3）本文件中各处引用的文件、资料，包括所要用到的软件开发标准。列出这些文件的标题、文件编号、发表日期和出版单位，说明能够得到这些文件资料的来源。

2 总体设计方案

2.1 系统架构

系统构架是对已确定的需求实现构架、做好规划，运用成套、完整的工具，在规划的步骤下去完成任务。

2.1.1 总体架构描述

总体设计包括系统模块结构设计和计算机物理系统的配置方案设计。

2.1.2 应用架构

系统技术实现从前端展示到业务处理逻辑，再到后台数据是如何架构的。

2.1.3 技术架构

实现该系统所有使用技术的整体展现。确定 Web 层、数据层、View 层的主要技术。

2.1.4 运行环境

描述系统生产环境的运行要求。如软件、硬件、操作系统、版本要求等。

2.1.5 开发环境

对于软件的开发环境做出说明，如果对开发有特殊要求的也请注明。

3 功能设计

按照产品定位的初步要求，在对用户需求及现有产品进行功能调查分析的基础上，对所定位产品应具备的目标功能系统进行概念性构建的创造活动。

3.1 XX 模块

该软件中有关管理用户这一模块的详细设计。

3.1.1 功能模块一

对 XX 模块的各级子模块功能进行描述。

3.1.1.1 功能概述

描述了该功能的作用。

3.1.1.2 业务规则

规定该模块的业务定义约束描述。

3.1.1.3 实现要点

说明一些要注意的细节。

3.1.1.4 用例图

直观的描述各个功能之间的关系。

3.2 YY 模块

依据 XX 模块的结构和形式进行设计。

4 数据库设计

4.1 数据库规范

明确数据库各表项的命名。

4.2 数据库概念设计

数据库中表与表的关系。

4.3 数据库表详细说明

4.4　数据库逻辑设计

5　界面设计

界面原型设计过程中，与开发人员共同修改、商榷最终表现样式，确立 GUI 设计标准。并采用工具画出主要界面图。

6　安全保密设计

6.1　安全设计目标

软件安全设计时要达到的目标。

6.2　系统安全性设计详细信息

4.2.2　概要设计说明书任务检查

主要检查软件设计结构的合理性和准确性。

（1）概要设计说明书要和需求规格说明书的要求一致。如是否将需求分析得出的系统各部分间的通信连接、依存关系正确的转换为适当的接口、模块。

（2）概要设计说明书本身内容要完整一致。

（3）模块划分要合理。如模块是否按照高内聚、低耦合进行划分，项目中的各个模块的输出或者输入是否准确一致等。

（4）接口定义明确。比如有没有描述模块之间的接口，如果接口之间有数据交互，有没有描述数据格式。

（5）文档符合规范。

（6）数据库设计合理。比如是否考虑了项目的软硬件环境，是否考虑了可能承载的最大负荷或者突发负荷，表中的主键、外键、索引是否定义恰当，表中的每个字段名称、含义、所取的数据类型和有效值范围是否合理。

4.2.3　概要设计说明书案例

下面是概要设计说明书编写案例，功能模块包括用户管理和公告管理。

1　引言

1.1　编写目的

本文档为《旅游信息管理系统概要设计说明书》，主要描述实现旅游信息管理系统业务需求的系统总体架构、功能组件、对外接口、数据结构及安全设计等的概要说明，以此为系统下一步建设起到指导和约束作用。

本文档是系统分析的一个组成部分，是详细设计的基础，同时也作为测试的依据。

本文档的目标对象是参加项目开发的所有人员，包括参与项目的设计人员、参与项目的开发人员、参与项目的测试人员。

1.2　缩写与术语

表 4-2 缩写与术语

缩写、术语	解释
本系统	旅游信息管理系统
游客	使用管理信息系统提供服务的人
员工	旅行社的导游或者工作人员
管理员	旅游信息管理系统的维护人员

1.3 参考资料

本文中引用的参考资料和文件：

《旅游信息管理系统需求规格说明书》。

2 总体设计方案

2.1 系统架构

2.1.1 总体架构描述

本系统采用典型的 B/S 结构来实现，不同的客户端通过浏览器访问 Web 服务器的发布页面，而 Web 服务器访问数据库对数据进行存取。View 层使用 Struts，服务层使用了 Spring，数据访问层使用了 JDBC 技术。

2.1.2 应用架构

本系统应用架构如图 4-8 所示。

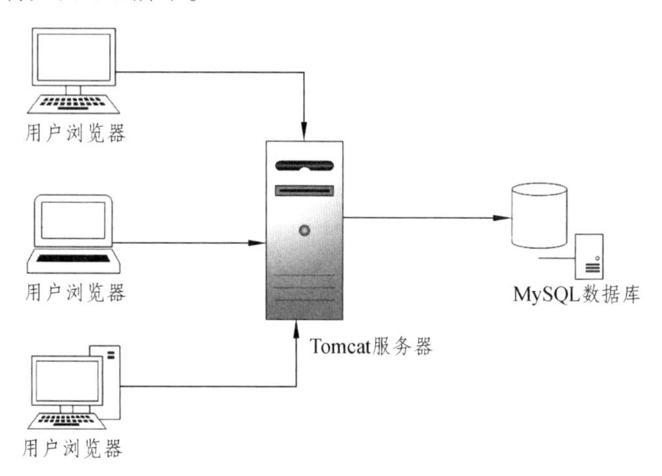

图 4-8 系统应用架构

2.1.3 技术架构

（1）用户使用浏览器访问服务器，需要 IE8 以上版本的浏览器。

（2）数据库只能被 We 服务器访问。Web 服务器使用 Tomcat。

（3）数据库使用 MySql，它是一套开源的数据库，适合中小型系统。

（4）多用户并发处理、数据加锁、事务协调，由 Tomcat、MySql 数据库共同完成，本系统提供对事务处理的支持。

本系统采用 J2EE 架构进行开发，Servlet 负责请求的处理和界面的跳转，JDBC 负责和数据库的交互，如图 4-9 所示。

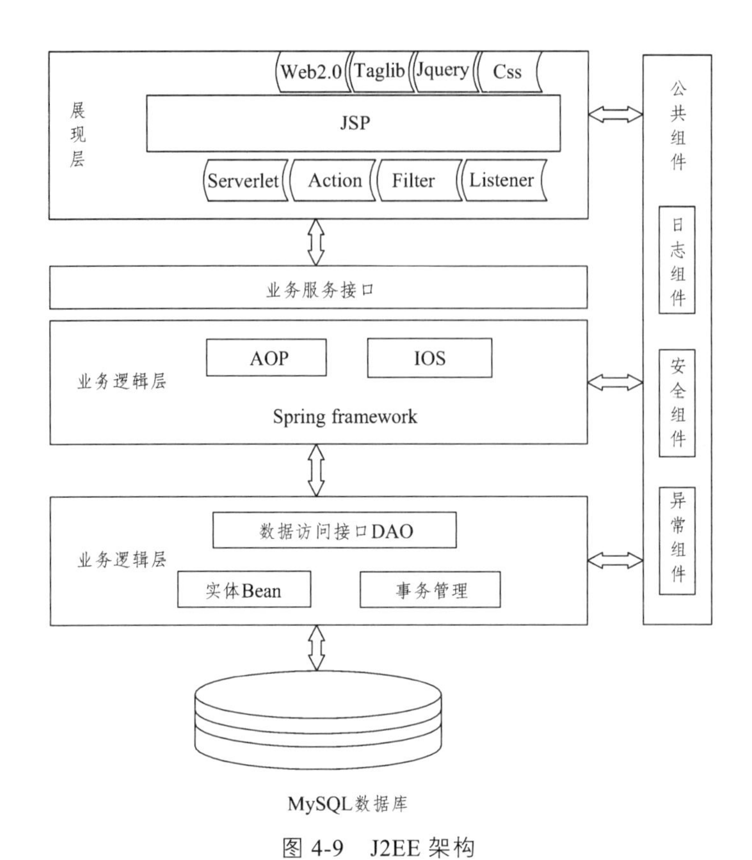

图 4-9　J2EE 架构

2.1.4　运行环境

表 4-3　Web 服务器环境

Web 服务器	
CPU	Intel Corei3 及以上
内存	2 048 MB 及以上
硬盘	不低于 80 GB
操作系统	Windows Server 2003 及以上
Tomcat 版本	6.0 及以上
IP	192.168.31.100
JDK	1.6 以上

表 4-4　数据服务器环境

数据库服务器	
CPU	Intel Corei3 及以上
内存	2 048 MB 及以上
硬盘	不低于 1 TB

续表

数据库服务器	
操作系统	Windows Server 2003 及以上
版本	不低于 MySQL5.0
IP	192.168.31.101
数据库名称	travelMgr
用户	travelMgr

2.1.5　开发环境

表 4-5　开发环境

数据库服务器	
版本	MySQL5.0
IP	192.168.0.100
数据库名称	travelMgr
用户	travelMgr

3　功能设计

3.1　用户管理

3.1.1　用户查询

3.1.1.1　功能概述

管理员和员工可以对用户进行查询。

3.1.1.2　业务规则

员工查询必须使用明确的信息筛选，如邮箱、手机号、昵称信息，管理员可以搜索所有用户信息。

3.1.1.3　实现要点

需要判断当前操作用户的角色，如果是员工，则验证输入项。

3.1.1.4　用例图

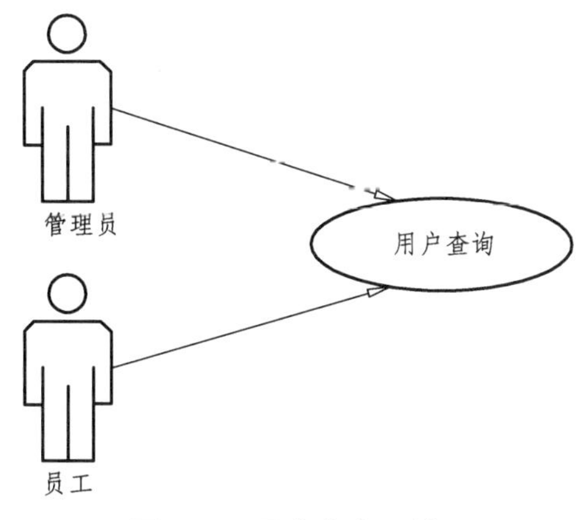

图 4-10　用户查询用例图

3.1.2　用户注册

3.1.2.1　功能概述

所有用户均可注册为系统用户，注册成功后成为使用系统服务的游客。注册完成后需要接收激活邮件进行激活，激活完成后才能继续使用系统提供的服务，否则不能使用本系统。

3.1.2.2　业务规则

使用 UTF-8 字符集传递信息，需要校验昵称、联系电话和邮箱是否已经注册，如果已经注册，提示已经注册，不能再次进行注册。

联系电话和邮箱必须符合各自的格式，邮箱不超过 50 个字符，电话只能为 11 个字符。

注册成功并激活后方可使用本系统。

3.1.2.3　实现要点

邮箱和电话号码的验证需要使用到正则表达式。注册成功后需要发送激活邮件，激活邮件链接中使用对称加密将激活信息隐藏到链接中，密钥可以一起生成到链接中，以此隐藏用户的关键信息。

3.1.2.4　用例图

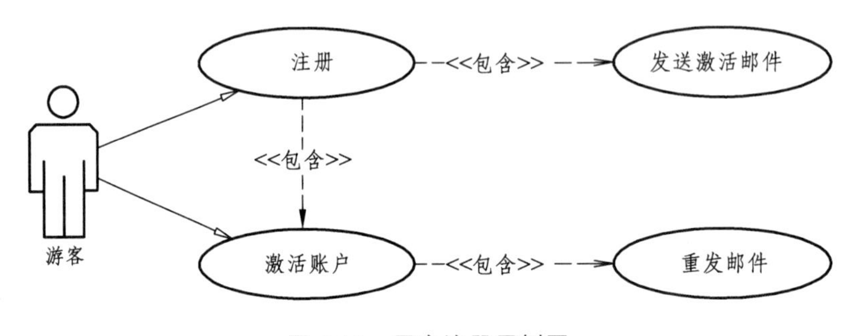

图 4-11　用户注册用例图

3.1.3　用户新增

3.1.3.1　功能概述

添加员工或其他管理员信息时，使用此功能进行，该功能只能由管理员进行操作，用户通过注册功能注册的为游客信息，其他角色信息只能由管理员手工添加。

3.1.3.2　业务规则

管理员输入需要注册的账号信息，选择需要注册的角色，系统根据选择添加相应角色的用户信息，该用户默认没有密码。

注册成功后发送激活邮件，激活操作完成后自动跳转到密码设置，设置密码后才能使用系统。

3.1.3.3　实现要点

管理员添加的用户没有登录密码，该密码需要在激活的同时进行设置。

3.1.3.4　用例图

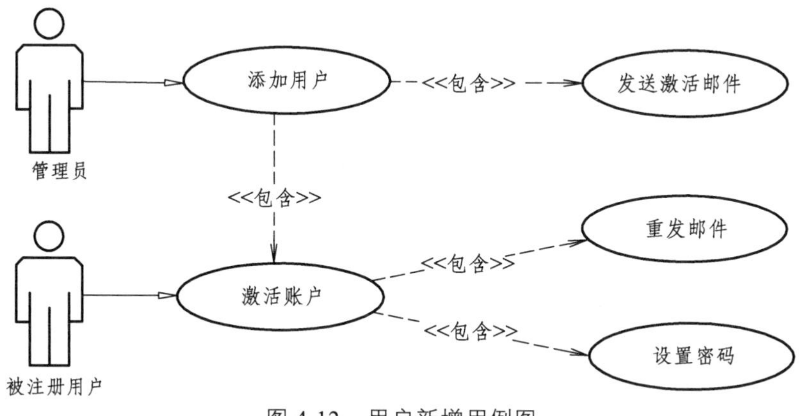

图 4-12　用户新增用例图

3.1.4　用户删除

3.1.4.1　功能概述

当员工离职后，管理员需要清理离职员工的信息，管理员用该功能删除对应员工信息。

3.1.4.2 业务规则

该功能只能由管理员进行操作，其他用户均没有权限进行操作。

只能删除员工信息，游客信息不能删除。

3.1.4.3　实现要点

需要对当前操作用户以及删除的目标用户进行判断，目标用户为员工时才能删除。

3.1.4.4　用例图

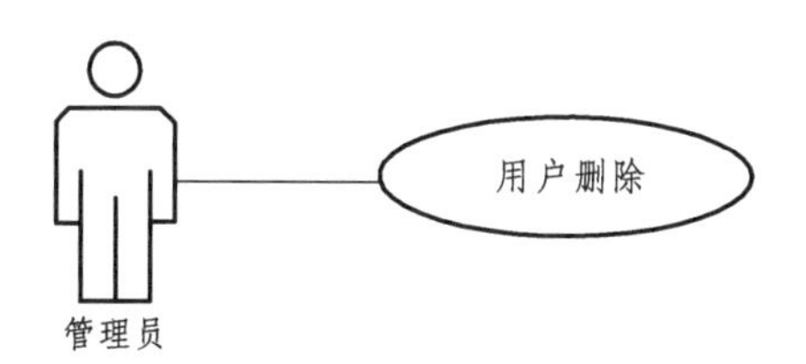

图 4-13　用户删除用例图

3.1.5　密码重置

3.1.5.1　功能概述

如果用户忘记密码，则需要进行密码重置，系统向输入的邮箱发送重置密码邮件，用户接收到邮件后点击链接进行密码重置。

密码重置成功后使用新密码进行登录操作。

3.1.5.2　业务规则

流程分为两部分，一部分为向用户邮箱发送重置密码邮件，另一部分为通过激活链接跳转到系统的重置密码功能，输入新密码后实现密码重置。

3.1.5.3　实现要点

通过链接跳转到修改密码功能之前需要验证链接的合法性，即链接中隐藏信息的验证是否通过，若没有通过，不能重置密码，反之可以重置密码。例如有效期验证，隐藏数据验证。

3.1.5.4　流程说明

流程分为两部分，一部分为输入邮箱信息，发送重置密码邮件，另外一部分为通过重置密码链接到重置密码界面中，输入新密码，验证密码正确性后修改密码。

如果重置密码链接无效，则需要重新发送重置密码邮件。

3.1.5.5 用例图

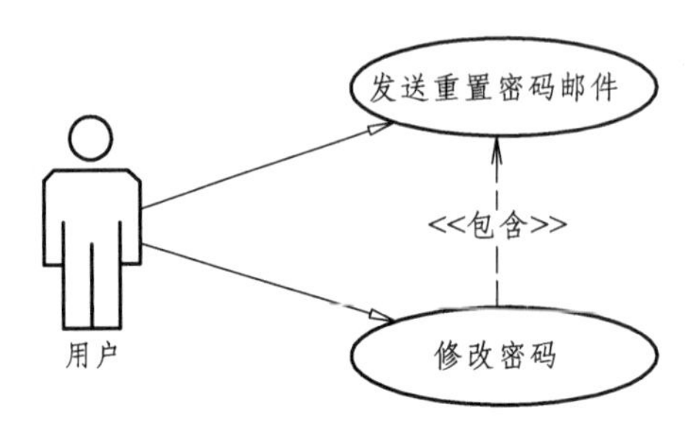

图 4-14 密码重置用例图

3.1.6 用户信息查看

3.1.6.1 功能概述

根据用户角色不同，查看的内容和搜索的内容均不一样。游客可以查看员工的详细信息，员工只能查看自己负责线路中的游客基础信息，其余游客信息不能查看，管理员可以查看所有用户信息。

3.1.6.2 业务规则

需要判断当前操作用户的角色，根据不同的角色查询不同的内容，且查询的数据范围也是不一样的。

3.1.6.3 实现要点

角色不同，查询的内容和范围均不同。

3.1.6.4 用例图

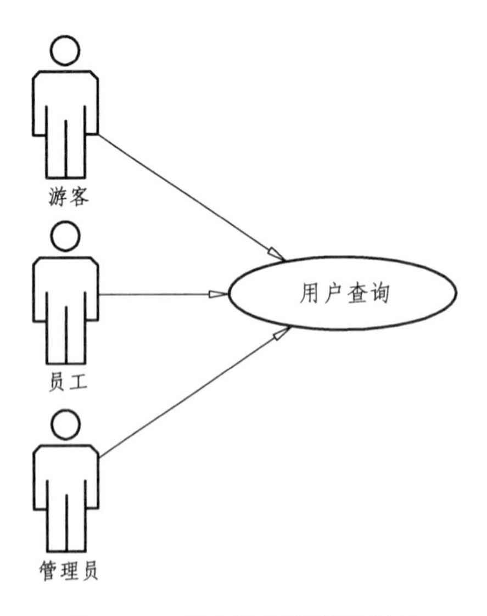

图 4-15 用户信息查看用例图

3.1.7 用户信息修改

3.1.7.1 功能概述

用户可以完全修改自己的信息，管理员可以修改员工信息。游客信息除了游客本人外，其余人员均不能修改。

3.1.7.2 业务规则

角色可以修改自己的个人信息，管理员还可以修改员工信息。

3.1.7.3 实现要点

3.1.7.4 用例图

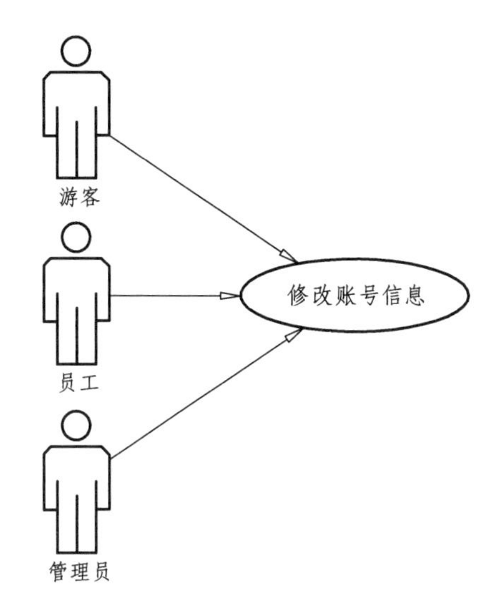

图 4-16 用户信息修改用例图

3.1.8 用户登录

3.1.8.1 功能概述

用户通过自己的注册邮箱和密码登录到系统中，不同的角色进入的首页是不同的，管理员进入后台管理系统，游客进入旅游首页。

3.1.8.2 业务规则

对密码错误次数进行累计，当达到设置次数后禁止登录，经过一段时间后，用户可以继续进行登录操作，即系统自动解锁。

如果用户未激活，则提示用户进行账号的激活操作。根据不同的角色激活内容也不同，员工激活后需设置密码，游客激活后即可登录。

3.1.8.3 实现要点

错误次数记录当前错误次数和累计错误次数，锁定用户的同时记录锁定日期，当前日期超过一定时间后则可以继续操作。

3.1.8.4 用例图

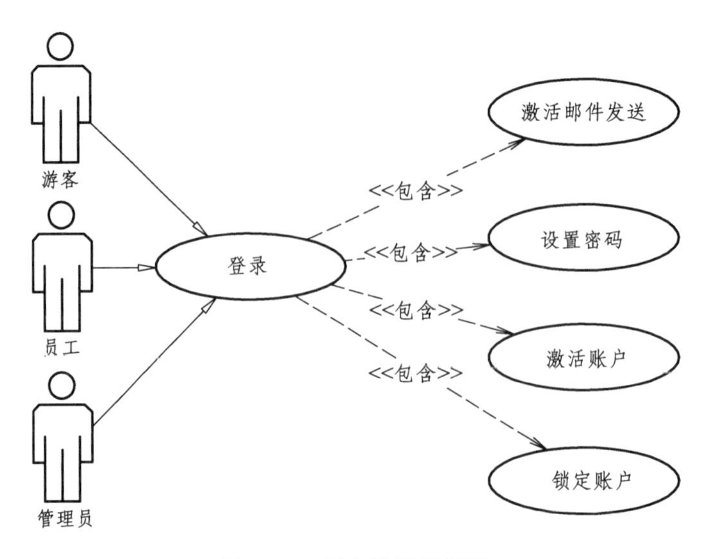

图 4-17　用户登录用例图

3.2　公告管理

3.2.1　公告查询

3.2.1.1　功能概述

公告查询的展现有两种不同的样式，一种为目标受众查询公告，展示为滚动播报方式或通知图标显示通知个数，点击后显示通知内容列表；另一种为管理员的列表展示管理界面。

3.2.1.2　业务规则

管理员可以管理所有的公告内容，目标受众只能查询自己可以接收的通知内容。

3.2.1.3　实现要点

不同的角色查询和展示不一样。

3.2.1.4　用例图

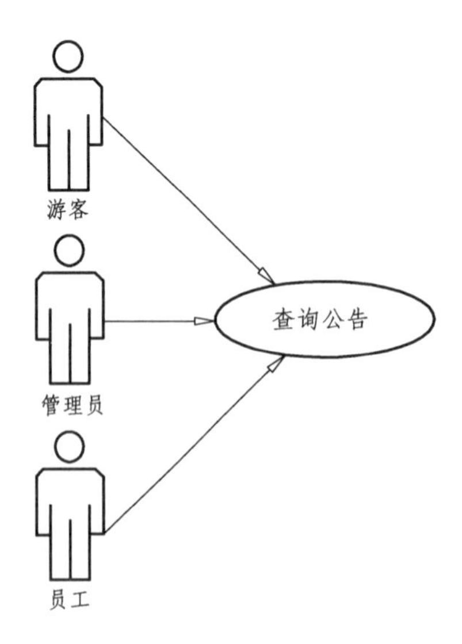

图 4-18　公告查询用例图

3.2.2 公告新增

3.2.2.1 功能概述

管理员可以新增公告，公告新增后为保存状态，保存状态的公告可以任意修改，公告需要选择面向的用户群体。

3.2.2.2 业务规则

输入公告后进行保存，保存后的公告可以进行修改。

3.2.2.3 用例图

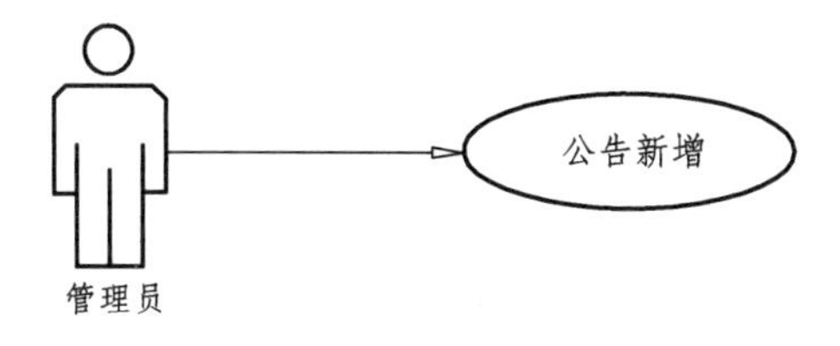

图 4-19 公告新增用例图

3.2.3 公告修改

3.2.3.1 功能概述

管理员对保存状态和撤回状态的公告进行修改操作。修改完成后可以继续向目标群体发送公告，失效和已发布的公告不能修改。

3.2.3.2 业务规则

需要判断是否可以进行修改，确认通过后才能进行修改操作。

3.2.3.3 实现要点

某些状态不能进行修改。

3.2.3.4 用例图

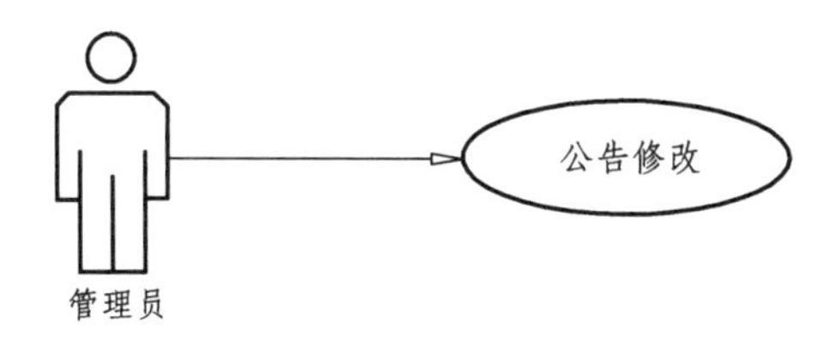

图 4-20 公告修改用例图

3.2.4 公告删除

3.2.4.1 功能概述

管理员对无用的公告进行清理删除，无效的公告、保存状态的公告可以进行删除操作，该删除为物理删除，删除后数据不可恢复。

3.2.4.2 业务规则

只有管理员才能进行操作。

3.2.4.3 实现要点

删除操作需要提示。

3.2.4.4 用例图

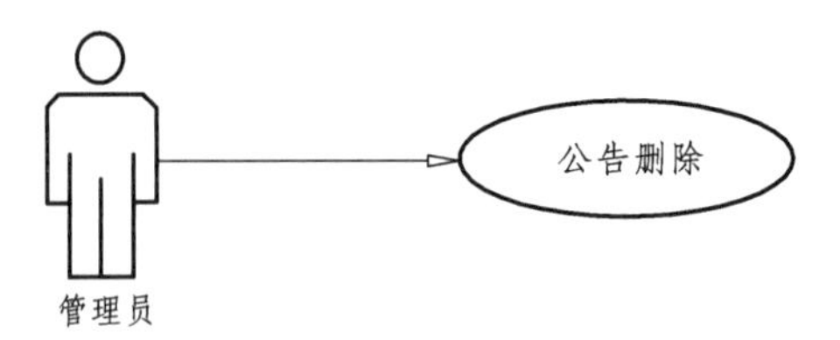

图 4-21　公告删除用例图

3.2.5　公告发布

3.2.5.1　功能概述

管理员将保存状态的公告发布到目标群体的操作为公告发布，发布后目标用户可以查询到该公告信息。

3.2.5.2　业务规则

只有管理员才能进行操作。

3.2.5.3　实现要点

需要操作确认，确认后才能进行操作。

3.2.5.4　用例图

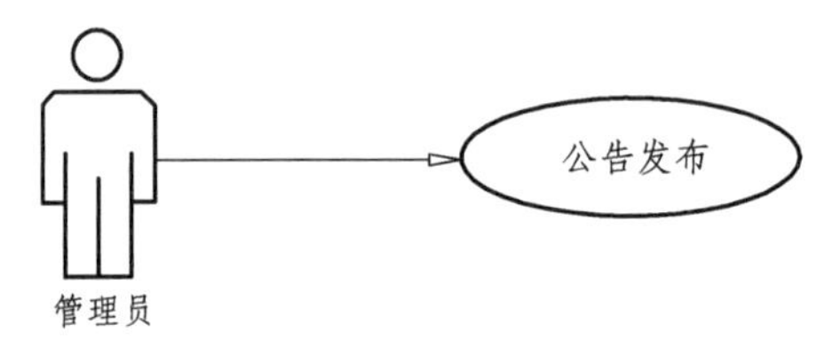

图 4-22　公告发布用例图

3.2.6　公告撤回

3.2.6.1　功能概述

管理员将已发布的有效公告进行撤回，撤回后公告的目标群体不再能查询到该信息。

3.2.6.2　业务规则

只有管理员才能进行操作。

3.2.6.3　实现要点

发布状态的公告才能进行该操作。

3.2.6.4　用例图

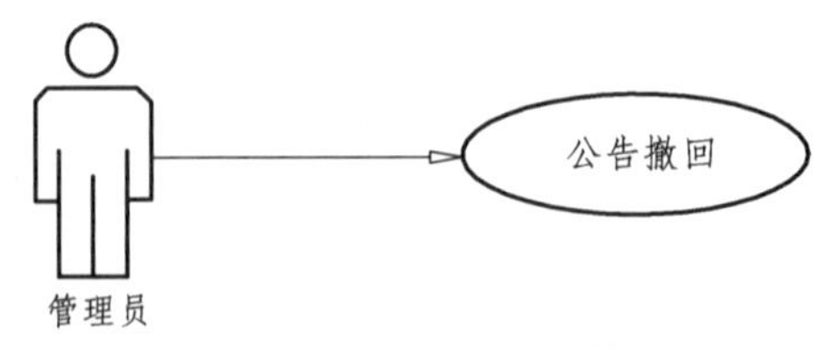

图 4-23　公告撤回用例图

4　数据库设计

4.1　数据库规范

表 4-6　数据库规范

前缀	意义
pk_	主键名称前缀

续表

前缀	意义
Fk	外键
t_	按照规范表名
tr_	触发器
seq_	序列表

4.2 数据库概念设计

数据库的表关系如图 4-24 所示。

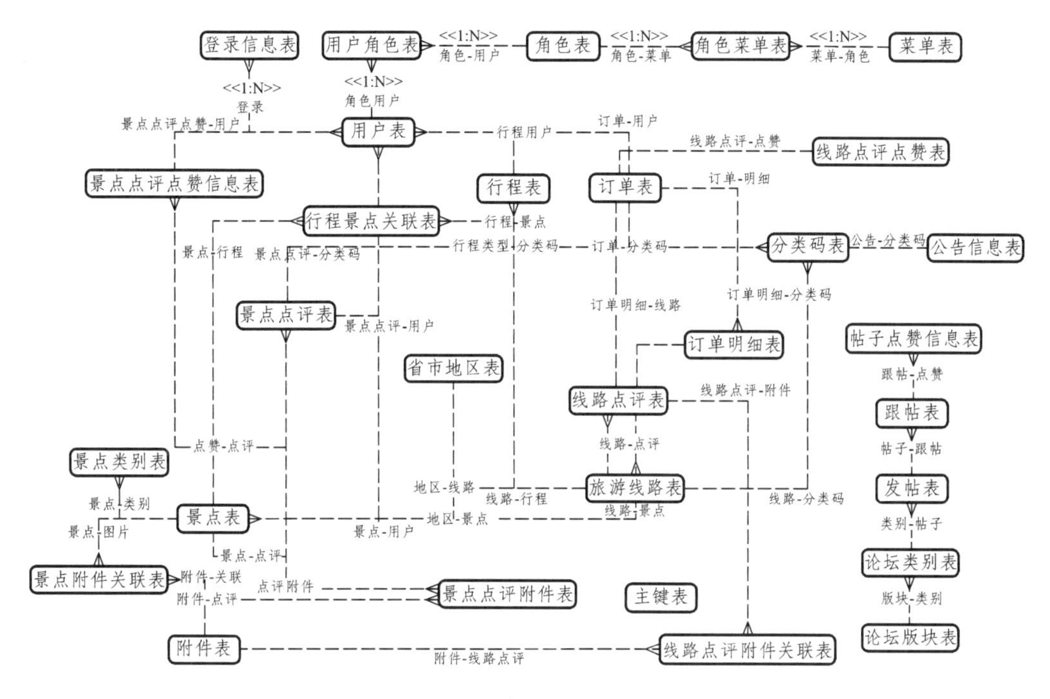

图 4-24 数据库的表关系

由于用户表的关联表众多，因此隐藏了部分用户表和其他关联表的连线，用户表关联有用户角色表、行程表、跟帖表、论坛类别表、订单表、线路点赞表、线路点评表、景点表、景点点评表、景点点评点赞表等，因此图 4-24 中不体现用户表和其他实体间关系。

4.3 数据库表介绍

表 4-7 数据库表

序号	表中文名称	表名	描述
1	用户信息表	t_user	记录系统所有用户的表
2	分类码表	t_code_string	记录标准代码的表
3	附件表	t_file	记录上传的附件信息
4	登录日志表	t_login_info	记录用户的登录历史情况

续表

序号	表中文名称	表名	描述
5	菜单表	t_menu	记录系统菜单表（系统级）
6	主键生成表	t_sequence	记录最后生成的主键信息
7	角色菜单表	t_role_menu	记录角色和菜单的关联信息
8	角色信息表	t_role	系统中各种用户角色信息
9	用户角色表	t_user_role	记录用户的角色信息
10	公告表	t_notice	记录公告信息
11	订单表	t_order	记录游客订单信息
12	订单明细表	t_order_detail	记录订单明细信息
13	景点类别表	t_sight_class	记录景点类别信息
14	景点信息表	t_sight	记录景点信息
15	景点附件表	t_sight_file	记录景点和附件的关联信息
16	景点点评表	t_sight_yelp	记录景点的点评情况
17	景点点评附件	t_sight_yelp_file	记录景点点评和附件的关联
18	景点点评点赞	t_sight_great	记录用户景点点评点赞信息
19	线路行程安排表	t_schedule	记录线路的行程安排情况
20	行程和景点关联表	t_schedule_sight	记录行程和景点的关联信息
21	线路表	t_route	记录线路信息
22	线路点评表	t_route_yelp	记录用户对线路的点评信息
23	线路点评附件关联表	t_route_yelp_file	线路点评和附件的关联表
24	线路点评点赞信息	t_route_great	记录线路点评点赞信息
25	地区信息表	t_region	记录行政区信息
26	论坛版块信息表	t_bbs_plate	记录论坛版块情况
27	论坛类别表	t_bbs_category	记录论坛的类别信息
28	论坛发帖信息表	t_bbs_post	记录用户论坛中的发帖信息
29	论坛跟帖回复表	t_bbs_follow_post	记录跟帖回复情况
30	帖子点赞信息表	t_post_great	记录帖子的点赞信息

4.4 数据库逻辑设计

4.4.1 t_user

用户表主要记录系统用户的信息、登录情况、用户状态等，包含用户 id（通过主键生成器生成主键）、用户名称、手机号码、邮箱、登录密码等信息，如表 4-8 所示。

表 4-8 t_user 表结构

字段名称	字段描述	数据类型	允许空	是否主键	备注
c_user_id	用户 id	varchar（20）	否	是	
c_mobile_phone	手机号码	varchar（20）	是	否	索引

续表

字段名称	字段描述	数据类型	允许空	是否主键	备注
c_user_name	用户真实姓名	varchar（100）	是	否	索引
c_email	邮箱	varchar（100）	否	否	唯一索引
c_user_identity	身份证	varchar（30）	是	否	
c_user_pwd	登录密码	varchar（100）	是	否	
c_pay_pwd	支付密码	varchar（100）	是	否	
c_amt	账户余额	decimal（10，5）	是	否	
c_login_err_cnt	登录错误次数	int	是	否	
c_pay_err_cnt	付款错误次数	int	是	否	
c_logo	头像路径	varchar（100）	是	否	
c_nick_name	昵称	varchar（40）	是	否	
c_age	年龄	int	是	否	
c_sex	性别	varchar（2）	是	否	分类码，01 男，02 女，03 未知
c_login_lock_dt	登录锁定日期	date	是	否	
c_login_lock	登录锁定状态	varchar（2）	是	否	
c_pay_lock	支付锁定状态	varchar（2）	是	否	
c_pay_lock_dt	支付锁定日期	date	是	否	
c_reg_date	注册日期	date	是	否	

4.4.2 t_code_string

主要记录系统中一些码值的对应信息，如用户性别，数据库存储为 01、02、03 这样的值，对应显示为男、女、未知，表 4-9 所示为这些值和显示的对应信息。

表 4-9 t_code_string 表结构

字段名称	字段描述	数据类型	允许空	是否主键	备注
c_cate_name	分类码名称	varchar2（16）	否	是	联合主键
c_cate_value	分类码真实值	varchar2（64）	否	是	联合主键
c_cate_label	分类码显示值	varchar2（64）	否	否	
c_descript	分类码描述	varchar2（64）	是	否	

4.4.3 t_file

附件表存储上传的文件信息，如表 4-10 所示。

表 4-10 t_file 表结构

字段名称	描述	数据类型	允许空	是否主键	备注
c_file_id	文件 id	varchar（20）	否	是	
c_file_name	文件名称	varchar（100）	是	否	

续表

字段名称	描述	数据类型	允许空	是否主键	备注
c_user_id	上传用户	varchar（20）	是	否	关联 t_user
c_file_path	文件存储路径	varchar（500）	是	否	
c_file_suffix	文件后缀	varchar（10）	是	否	
c_file_size	文件大小（字节）	decimal（15，3）	是	否	
c_create_time	上传时间	datetime	是	否	默认当前时间

4.4.4 t_login_info

登录历史情况记录表记录用户的登录情况，如表 4-11 所示。

表 4-11 t_login_info 表结构

字段名称	描述	数据类型	允许空	是否主键	备注
c_login_id	登录 id	varchar（20）	否	是	
c_user_id	登录用户	varchar（20）	否	是	关联 t_user
c_session_id	sessionid	varchar（50）	否	是	
c_login_dt	登录时间	date	是	否	
c_logout_dt	退出时间	date	是	否	
c_login_status	登录状态	varchar（13）	是	否	01 登录成功 02 登录失败
c_login_msg	登录信息	varchar（100）	是	否	
c_login_addr	登录 ip	varchar（30）	是	否	

4.4.5 t_menu

菜单表记录系统菜单信息，如表 4-12 所示。

表 4-12 t_menu 表结构

字段名称	描述	数据类型	允许空	是否主键	备注
c_menu_id	菜单 id	varchar（20）	否	是	
c_menu_code	菜单编号	varchar（13）	是	否	
c_menu_name	菜单名称	varchar（100）	是	否	
c_menu_url	菜单 url	varchar（200）	是	否	
c_parent_menu_id	所属父级菜单 id	varchar（20）	是	否	
c_menu_img_path	菜单对应图片路径	varchar（150）	是	否	
c_display_flag	菜单是否显示	varchar（2）	是	否	01 是 02 否

4.4.6 t_sequence

主键信息记录表记录系统使用主键的生成信息，如表 4-13 所示。

表 4-13 t_sequence 表结构

字段名称	描述	数据类型	允许空	是否主键	备注
c_seq_id	id	varchar（20）	否	是	
c_seq_name	序列名称	varchar（100）	否	是	

4.4.7 t_role_menu

角色菜单表记录角色和菜单的对应关系，如表 4-14 所示。

表 4-14 t_role_menu 表结构

字段名称	描述	数据类型	允许空	是否主键	备注
c_role_id	角色 id	Varchar（20）	否	是	关联角色表
c_menu_id	菜单 id	varchar（20）	否	是	关联菜单表

4.4.8 t_role

角色信息表，如表 4-15 所示。

表 4-15 t_role 表结构

字段名称	描述	数据类型	允许空	是否主键	备注
c_role_id	角色 id	varchar（20）	否	是	
c_role_code	角色编码	varchar（20）	是	否	
c_role_name	角色名称	varchar（100）	是	否	
c_role_desc	角色说明	varchar（200）	是	否	

4.4.9 t_user_role

用户角色关联信息表，如表 4-16 所示。

表 4-16 t_user_role 表结构

字段名称	描述	数据类型	允许空	是否主键	备注
c_role_id	角色 id	varchar（20）	否	是	关联角色表
c_user_id	用户 id	varchar（20）	否	是	关联用户表

4.4.10 t_notice

公告信息表，如表 4-17 所示。

表 4-17 t_notice 表结构

字段名称	描述	数据类型	允许空	是否主键	备注
c_notice_id	公告 id	varchar（20）	否	是	
c_notice_status	公告状态	varchar（2）	否	否	
c_notice_title	公告标题	varchar（100）	否	否	
c_publish_target	发布群体	varchar（50）	否	否	01 游客、02 用户、03 全部
c_notice_cont	公告内容	varchar（500）	否	否	

4.4.11 t_order

订单信息表，如表 4-18 所示。

表 4-18 t_order 表结构

字段名称	描述	数据类型	允许空	是否主键	备注
c_order_id	订单 id	varchar（20）	否	是	主键
c_order_code	订单编号	varchar（20）	否	否	下单用户查看的，逻辑唯一
c_user_id	所属用户	int	否	否	关联用户表
c_order_status	订单状态	varchar（2）	否	否	未付款、付款、完成、退款申请、退款中、退款完成等
c_total_amount	订单总金额	number（10，2）	否	否	
c_order_discount	订单折扣	number（1，4）	否	否	默认 1
c_back_money	返现，现金折扣	number（5，2）	否	否	默认 0
c_order_pay_amt	应付金额	number（10，2）	否	否	
c_pay_method	付款方式	varchar（2）	否	否	微信、支付宝等
c_order_remark	订单备注	varchar（500）	否	否	
c_order_time	下单时间	datetime	否	否	当前时间

4.4.12 t_order_detail

订单明细表，如表 4-19 所示。

表 4-19 t_order_detail 表结构

字段名称	描述	数据类型	允许空	是否主键	备注
c_detail _id	订单详情 id	varchar（20）	否	是	
c_order_id	订单 id	varchar（20）	否	是	关联订单表
c_route_id	线路 id	varchar（20）	否	否	关联线路表
c_buy_number	购买数量	int	否	否	
c_goods_price	商品单价	number（10，2）	否	否	
c_goods_discount	商品折扣	number（1，4）	否	否	默认 1
c_real_amount	实际价格	number（10，2）	是	否	
c_use_status	使用状态	varchar（2）	是	否	
c_use_time	使用时间	datetime	是	否	

4.4.13 t_sight_class

景点类别表，如表 4-20 所示。

表 4-20　t_sight_class 表结构

字段名称	描述	数据类型	允许空	是否主键	备注
c_class_id	景点类别 id	varchar（20）	否	是	
c_class_name	景点类别名称	varchar（100）	否	否	
c_class_picture	景点类别图片	varchar（500）	是	否	

4.4.14　t_sight

景点信息表记录景点信息，如表 4-21 所示。

表 4-21　t_sight 表结构

字段名称	描述	数据类型	允许空	是否主键	备注
c_sight_id	景点 id	varchar（20）	否	是	
c_sight_name	景点名称	varchar（100）	否	否	
c_scene_type	景点类别	varchar（2）	是	否	关联景点类别表
c_sight_feature	景点特色、亮点	text	是	否	
c_introduce	景点介绍	text	是	否	
c_special_msg	特别提示	text	是	否	
c_scene_addr	景点详细地址	varchar（200）	是	否	
c_scene_star	景点星级	varchar（2）	是	否	4A、5A 级等
c_region_id	所属地区	varchar（20）	是	否	关联地区表
c_scene_price	门票价格	varchar（200）	是	否	
c_create_user_id	创建人	varchar（20）	否	否	关联用户表
c_create_time	创建时间	datetime	否	否	当前时间

4.4.15　t_sight_file

景点附件表存储景点和文件关联信息，如表 4-22 所示。

表 4-22　t_sight_file 表结构

字段名称	描述	数据类型	允许空	是否主键	备注
c_sight_id	景点 id	varchar（20）	否	是	关联景点表
c_filet_id	附件 id	varchar（20）	否	是	关联附件表

4.4.16　t_sight_yelp

景点点评信息表，如表 4-23 所示。

表 4-23　t_sight_yelp 表结构

字段名称	描述	数据类型	允许空	是否主键	备注
c_yelp_id	点评 id	varchar（20）	否	是	
c_sight_score	景色评分	int	是	否	
c_interest_score	趣味评分	int	是	否	
c_play_score	可玩性评分	int	是	否	

续表

字段名称	描述	数据类型	允许空	是否主键	备注
c_avg_score	总体评分	number（2，2）	是	否	
c_yelp_cont	点评内容	varchar（1000）	是	否	
c_trip_type	出游类型	varchar（2）	是	否	商务、朋友、情侣、亲子、单独
c_create_user_id	创建人	varchar（20）	否	否	关联用户表
c_create_time	创建时间	datetimc	否	否	当前时间

4.4.17 t_sight_yelp_file

景点点评附件关联表，如表 4-24 所示。

表 4-24　t_sight_yelp_file 表结构

字段名称	描述	数据类型	允许空	是否主键	备注
c_yelp_id	点评 id	varchar（20）	否	是	景点点评表
c_filet_id	附件 id	varchar（20）	否	是	关联附件表

4.4.18 t_sight_great

景点点评点赞信息表记录用户对景点点评的点赞信息，如表 4-25 所示。

表 4-25　t_sight_great 表结构

字段名称	描述	数据类型	允许空	是否主键	备注
c_great_id	点赞 id	varchar（20）	否	是	
c_yelp_id	点评 id	varchar（20）	是	否	景点点评 id
c_user_id	用户 id	varchar（20）	是	否	关联用户 id

4.4.19 t_schedule

行程信息表记录线路的详细行程信息，如表 4-26 所示。

表 4-26　t_schedule 表结构

字段名称	描述	数据类型	允许空	是否主键	备注
c_schedule_id	行程 id	varchar（20）	否	是	
c_route_id	线路 id	varchar（20）	否	否	管理线路表
c_schedule_title	行程标题	varchar（100）	否	否	
c_day	第几天	int	否	否	
c_schedule_number	行程编号	int	否	否	排序用
c_schedule_type	行程明细类型	varchar（2）	是	否	交通、景点、住宿
c_start_time	开始时间	time	否	否	只记录时间
c_end_time	结束时间	time	是	否	只记录时间
c_detail_desc	行程描述	text	是	否	

续表

字段名称	描述	数据类型	允许空	是否主键	备注
c_spend_time	行驶、用餐、活动、游玩等花费时间/分钟	int	是	否	
c_create_user_id	创建人	varchar（20）	否	否	管理用户表
c_create_time	创建时间	datetime	是	否	当前时间

4.4.20 t_schedule_sight

行程和景点关联表记录行程中使用的景点，该景点会出现在线路中，如表 4-27 所示。

表 4-27 t_schedule_sight 表结构

字段名称	描述	数据类型	允许空	是否主键	备注
c_schedule_id	行程 id	varchar（20）	否	是	
c_sight_id	景点 id	varchar（20）	否	是	

4.4.21 t_route

旅游线路表记录线路信息，如表 4-28 所示。

表 4-28 t_route 表结构

字段名称	描述	数据类型	允许空	是否主键	备注
c_route_id	线路 id	varchar（20）	否	是	
c_route_code	线路编号	varchar（20）	否	否	界面展示使用，逻辑唯一
c_route_title	线路标题	varchar（300）	否	否	
c_start_region_id	始发地 id	varchar（20）	是	否	关联地区表
c_dest_province_id	目的地省份 id	varchar（20）	是	否	
c_serve_ensure	服务保障	varchar（50）	是	否	安心购，放心游之类，多选
c_rote_type	线路类型	varchar（2）	否	否	一日游、三日游、古镇游玩、亲子游等
c_start_time	开团时间	datetime	是	否	
c_interval_day	开团间隔天数	int	是	否	
c_route_day	行程天数	int	是	否	
c_route_people	计划出游人数	int	是	否	
c_route_price	线路价格	number（10，2）	是	否	
c_route_discount	线路折扣	number（2，2）	是	否	
c_route_details	图文详情	text	是	否	
c_route_feature	产品特色	text	是	否	
c_price_note	费用介绍	text	是	否	

续表

字段名称	描述	数据类型	允许空	是否主键	备注
c_pay_msg	支付信息介绍	text	是	否	
c_book_note	预定须知	text	是	否	
c_status	线路状态	varchar（2）	是	否	保存、上架、下架等
c_route_grade	线路平均评分	number（2，2）	是	否	
c_route_star	线路平均星级	number（2，2）	否	否	
c_create_time	创建时间	datetime	是	否	当前时间
c_create_user_id	创建人	varchar（20）	否	否	
c_modify_time	修改时间	datetime	是	否	修改数据时间
c_modify_user_id	修改人	varchar（20）	是	否	

4.4.22 t_route_yelp

线路点评信息表，如表 4-29 所示。

表 4-29　t_route_yelp 表结构

字段名称	描述	数据类型	允许空	是否主键	备注
c_yelp_id	点评 id	varchar（20）	否	是	
c_route_id	线路 id	varchar（20）	否	否	关联线路表
c_schedule_score	行程安排得分	int	是	否	
c_desc_score	描述相符	int	是	否	
c_explain_score	导游讲解得分	int	是	否	
c_avg_score	总体评分	number（2，2）	是	否	
c_yelp_cont	点评内容	varchar（1000）	是	否	
c_trip_type	出游类型	varchar（2）	是	否	商务、朋友、情侣、亲子、单独
c_create_user_id	创建人	varchar（20）	否	否	关联用户表
c_create_time	创建时间	datetime	否	否	当前时间

4.4.23 t_route_yelp_file

线路点评附件关联表，如表 4-30 所示。

表 4-30　t_route_yelp_file 表结构

字段名称	描述	数据类型	允许空	是否主键	备注
c_yelp_id	点评 id	varchar（20）	否	是	关联线路点评
c_filet_id	附件 id	varchar（20）	否	是	关联附件表

4.4.24 t_route_great

线路点评点赞信息表记录用户对线路点评的点赞信息，如表 4-31 所示。

表 4-31　t_route_great 表结构

字段名称	描述	数据类型	允许空	是否主键	备注
c_great_id	点赞 id	varchar（20）	否	是	
c_yelp_id	点评 id	varchar（20）	是	否	线路点评 id
c_user_id	用户 id	varchar（20）	是	否	关联用户 id

4.4.25　t_region

地区信息表记录地区信息，如表 4-32 所示。

表 4-32　t_region 表结构

字段名称	描述	数据类型	允许空	是否主键	备注
c_region_id	地区 id	varchar（20）	否	是	
c_parent_id	上级 id	varchar（20）	是	否	
c_region_name	地区名称	varchar（100）	是	否	
c_region_type	1 省　2 市　3 区	int	是	否	
c_zip_code	邮编	varchar（6）	是	否	
c_area_code	区号	varchar（4）	是	否	

4.4.26　t_bbs_plate

论坛版块信息表如表 4-33 所示。

表 4-33　t_bbs_plate 表结构

字段名称	描述	数据类型	允许空	是否主键	备注
c_plate_id	论坛版块 id	varchar（20）	否	是	
c_plate_title	论坛版块标题	varchar（100）	否	否	
c_plate_order	排列顺序	int	否	否	
c_is_hot	是否热门版块	varchar（2）	是	否	
c_user_id	版主	varchar（20）	是	否	关联用户表
c_create_user	创建人	varchar（20）	是	否	关联用户表
c_create_time	创建时间	datetime	是	否	

4.4.27　t_bbs_category

论坛类别表，如表 4-34 所示。

表 4-34　t_bbs_category 表结构

字段名称	描述	数据类型	允许空	是否主键	备注
c_cate_id	类别 id	varchar（20）	否	是	
c_plate_id	所属版块	varchar（20）	否	否	关联论坛版块表
c_cate_title	标题	varchar（100）	否	否	
c_cate_desc	描述	varchar（500）	否	否	
c_cate_order	排序	int	否	否	

续表

字段名称	描述	数据类型	允许空	是否主键	备注
c_total_post	帖子数	int	是	否	
c_post_today	今日新帖	int	是	否	
c_last_update	最后发帖时间	datetime	是	否	
c_is_hot	是否热门类别	varchar（2）	是	否	
c_user_id	版主	varchar（20）	是	否	
c_create_user	创建人	varchar（20）	否	否	
c_create_time	创建时间	datetime	是	否	

4.4.28 t_bbs_post

论坛发帖信息表记录用户发帖情况，如表 4-35 所示。

表 4-35 t_bbs_post 表结构

字段名称	描述	数据类型	允许空	是否主键	备注
c_post_id	帖子 id	varchar（20）	否	是	
c_cate_id	所属类别	varchar（20）	否	否	关联论坛类别
c_post_title	帖子标题	varchar（200）	否	否	
c_post_cont	帖子内容	text	是	否	
c_post_ip	发帖 ip	varchar（20）	是	否	
c_create_time	发帖时间	datetime	是	否	
c_create_user	发帖人	varchar（20）	是	否	
c_great_num	点赞数	int	是	否	

4.4.29 t_post_great

帖子点赞信息表记录用户对帖子的点赞信息，如表 4-36 所示。

表 4-36 t_post_great 表结构

字段名称	描述	数据类型	允许空	是否主键	备注
c_great_id	点赞 ID	varchar（20）	否	是	
c_post_id	点评 ID	varchar（20）	是	否	帖子 id
c_user_id	用户 id	varchar（20）	是	否	关联用户 id

4.4.30 t_bbs_follow_post

帖子跟帖信息表如表 4-37 所示。

表 4-37 t_bbs_follow_post 表结构

字段名称	描述	数据类型	允许空	是否主键	备注
c_follow_id	跟帖 id	varchar（20）	否	是	
c_post_id	帖子 id	varchar（20）	否	否	关联帖子
c_follow_pid	上级跟帖 id	varchar（20）	是	否	关联跟帖 id

续表

字段名称	描述	数据类型	允许空	是否主键	备注
c_description	跟帖内容	text	是	否	
c_follow_time	跟帖时间	datetime	是	否	
c_follow_user	跟帖人	varchar（20）	是	否	管理用户
c_follow_ip	跟帖 ip	varchar（20）	是	否	
c_replay_time	回复时间	datetime	是	否	当前时间

5 界面设计

后台管理界面如图 4-25 所示。主要分为头部、左侧菜单区和右侧功能区三部分，头部显示 logo 和用户信息和快捷操作以及提升内容，左侧菜单区主要显示菜单和公告内容，右侧的功能区为操作的功能。

图 4-25 后台管理界面

列表页面如图 4-26 所示。

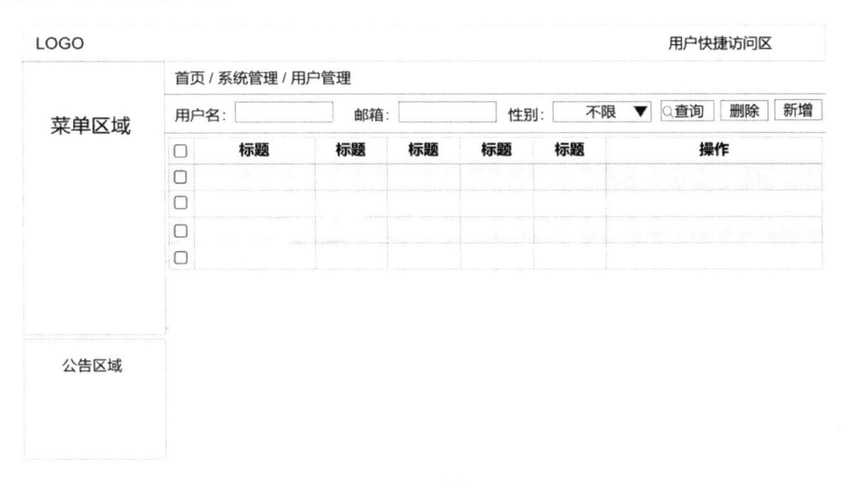

图 4-26 列表界面

修改新增界面如图 4-27 所示。

图 4-27　修改新增界面

游客首页参考界面如图 4-28 所示。

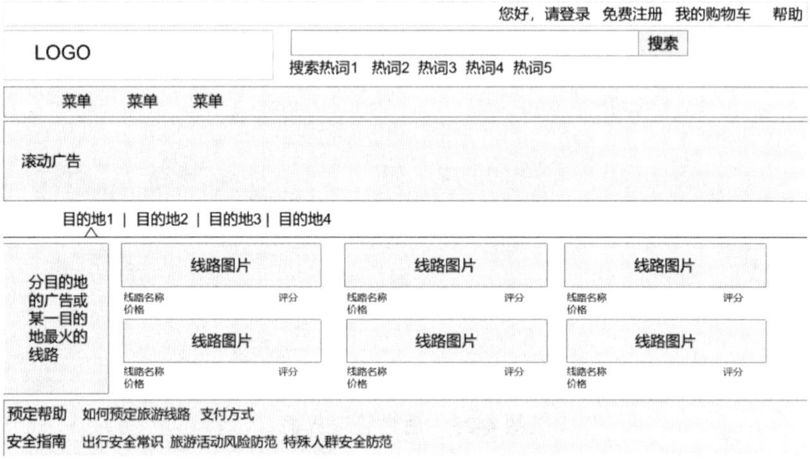

您好，请登录　免费注册　我的购物车　帮助
LOGO
搜索
搜索热词1　热词2　热词3　热词4　热词5
菜单　菜单　菜单
滚动广告
目的地1 | 目的地2 | 目的地3 | 目的地4
分目的地的广告或某一目的地最火的线路
线路图片
线路名称　评分
价格
预定帮助　如何预定旅游线路　支付方式
安全指南　出行安全常识　旅游活动风险防范　特殊人群安全防范

图 4-28　游客首页参考界面

线路查询界面如图 4-29 所示。

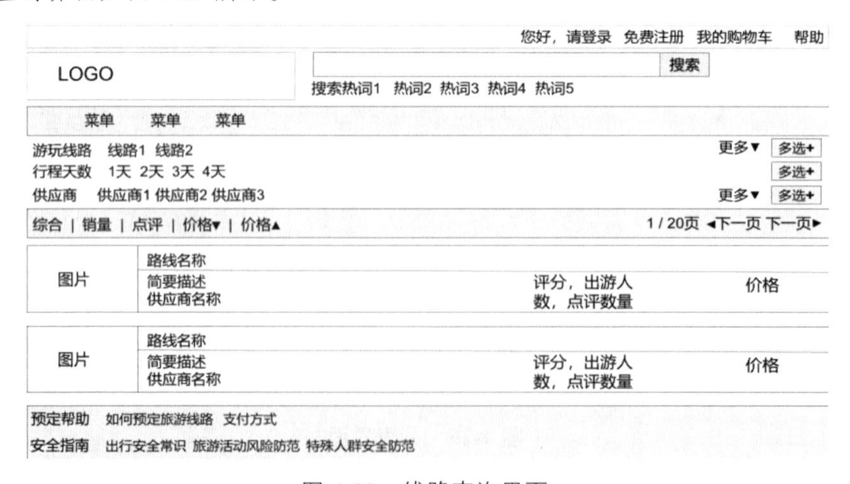

图 4-29　线路查询界面

线路浏览界面如图 4-30 所示。

您好，请登录 免费注册 我的购物车 帮助

菜单 菜单 菜单

线路名称

价格、评分、评论数量、出发地、编号

线路图片以及推荐理由

出发日历以及对应价格

预定信息 预定

产品特色 行程 费用 预定须知 点评 如何预定 客服电话

线路班期信息

产品特色

图文行程和表格行程介绍

费用介绍

点评列表以及预定流程图

预定帮助 如何预定旅游线路 支付方式

安全指南 出行安全常识 旅游活动风险防范 特殊人群安全防范

图 4-30 线路浏览界面

订单查询界面如图 4-31 所示。

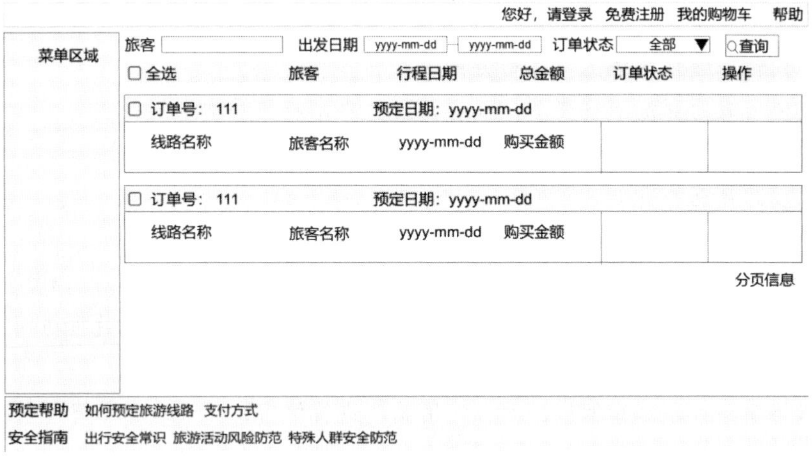

您好，请登录 免费注册 我的购物车 帮助

菜单区域

旅客 出发日期 yyyy-mm-dd yyyy-mm-dd 订单状态 全部 查询

全选 旅客 行程日期 总金额 订单状态 操作

订单号：111 预定日期：yyyy-mm-dd

线路名称 旅客名称 yyyy-mm-dd 购买金额

订单号：111 预定日期：yyyy-mm-dd

线路名称 旅客名称 yyyy-mm-dd 购买金额

分页信息

预定帮助 如何预定旅游线路 支付方式

安全指南 出行安全常识 旅游活动风险防范 特殊人群安全防范

图 4-31 订单查询界面

订单浏览界面如图 4-32 所示。

您好，请登录 免费注册 我的购物车 帮助

我的订单 > 订单浏览

订单信息 联系人 旅客 支付/优惠

订单信息

订单步骤

预定日期

线路名称

出发城市 出发日期 预定人员情况

查看行程 查看安全告知 产品快照

联系人

姓名

Email

联系电话

旅客信息

旅客列表

已享有惠/支付/退款

支付信息等

预定帮助 如何预定旅游线路 支付方式

安全指南 出行安全常识 旅游活动风险防范 特殊人群安全防范

图 4-32 订单浏览界面

行程信息界面如图 4-33 所示。

订单编号以及线路名称

第一天

时间　耗费时间或距离
安排
目的地说明

时间　耗费时间或距离
安排
目的地说明

第一天

时间　耗费时间或距离
安排
目的地说明

时间　耗费时间或距离
安排
目的地说明

图 4-33　行程信息界面

6　安全保密设计

6.1　安全设计目标

确保本系统不被非法入侵；

确保系统内信息通过网络传输时不会被窃取和修改；

确保系统使用者的身份不被盗用，只有认证用户才能登录本系统；

由权限机制保证的访问控制能保证不同级用户对不同资源的使用；

确保系统敏感数据的安全。

6.2　系统安全性设计详细信息

用户登录时，对用户身份和密码进行验证；

对不同角色定义不同权限，通过对权限的检查，控制用户对功能和数据访问范围；

整个系统使用 https 进行浏览访问；

敏感内容传输经过非对称加密，后台使用私钥进行解密，保证敏感信息不被篡改。

第 5 章 项目详细设计

5.1 详细设计概述

详细设计是对概要设计的一个细化，就是详细设计每个模块的实现算法以及所需的局部结构，在详细设计阶段，主要是通过需求分析的结果，设计出满足用户需求的软件系统产品。详细设计的基本任务有：

（1）为每个模块进行详细的算法设计。用某种图形、表格、语言等工具将每个模块处理过程的详细算法描述出来。

（2）为模块内的数据结构进行设计。对于需求分析、概要设计确定的概念性的数据类型进行确切的定义。

（3）为数据结构进行物理设计，即确定数据库的物理结构。物理结构主要指数据库的存储记录格式、存储记录安排和存储方法，这些都依赖于具体所使用的数据库系统。

（4）其他设计。根据软件系统的类型，还可能要进行以下设计：

① 代码设计。为了提高数据的输入、分类、存储、检索等操作，节约内存空间，对数据库中的某些数据项的值要进行代码设计。

② 输入/输出格式设计。输入/输出功能实现了后台程序与用户的界面的交互，相对用户尤为重要。

③ 人机对话设计。对于一个实时系统，用户与计算机对话频繁，因此要进行对话方式、内容、格式的具体设计。

（5）编写详细设计说明书。

（6）评审。对处理过程的算法和数据库的物理结构都要评审。

5.2 流程图、类、包图与接口设计

5.2.1 流程图

程序流程图又称程序框图，是用统一规定的标准符号描述程序运行具体步骤的图形表示，通过对输入/输出数据和处理过程的详细分析，将计算机的主要运行步骤和内容标识出来，是进行程序设计的最基本依据，它的质量直接关系到程序设计的质量。为便于识别，绘制流程图的习惯做法是：圆角矩形表示“开始”与“结束”，矩形表示功能，菱形表示判断环节，平行四边形表示输入输出，箭头代表工作流方向。

5.2.2 类设计

类是来描述一类具有相同特征的对象，这些对象有相同的属性和服务，类包含对象的名称、方法、属性和事件。UML（统一建模语言）中类的图形符号为长方形，用两条横线把长方形分成上、中、下三个区域（下面两个区域可以省略），三个区域分别放类的名字、属性和服务。一般情况下，由多个单词组成类名，每个单词的首字母都要大写，同时应使用在应用领域中人们习惯且具有明确含义的标准术语作为类名。

类与类之间通常有关联、泛化（继承）、依赖和细化 4 种关系。

关联表示两个类的对象之间存在某种语义上的联系，通常是表示双向的，可以用无向箭头表示。

泛化就是通常所说的继承关系，它是通用元素和具体元素之间的一种分类关系，在 UML 中，用一端为空心三角形的连线表示泛化关系，三角形的顶角紧挨着通用元素。

依赖关系描述两个模型元素（类、用例等）之间的语义连接关系：其中一个模型元素是独立的，另一个模型元素不是独立的，它依赖于独立的模型元素，若独立的模型元素改变，将影响依赖于它的模型元素。依赖关系使用虚线箭头表示，箭头指向独立的类。

图 5-1 所示表示一个友元依赖关系，该关系使得 B 类的操作可以使用 A 类中私有的或保护的成员。

图 5-1　友元依赖关系

细化关系是当对同一个事物在不同抽象层次上进行描述时，这些描述之间具有细化关系。细化用来协调不同阶段模型之间的关系，表示各个开发阶段不同抽象层次的模型之间的相关性。细化关系由虚线和空心三角形的连线表示，空心三角形所在的一端是被细化的模型元素。

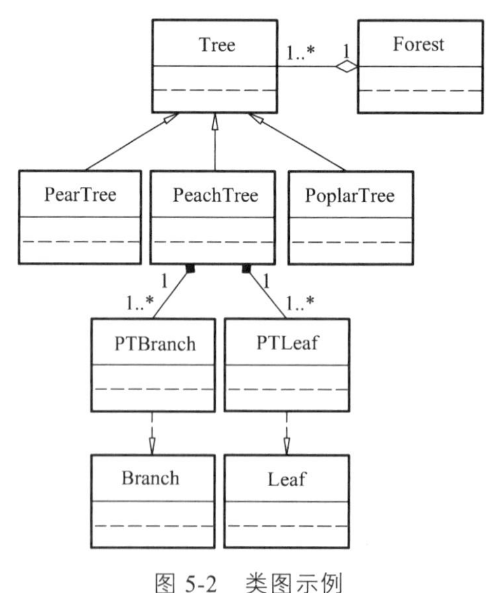

图 5-2　类图示例

图 5-2 所示是一个简单的类图示例。在图中，Tree 和 Forest 之间是关联关系，而 PearTree、

PeachTree 和 PolarTree 是继承 Tree 而来，PeachTree 由 PTBranch 和 PTLeaf 组合而成，PTBranch 是由 Branch 细化而来，PTLeaf 是由 Leaf 细化而来。

5.2.3 包设计

包被描述成文件夹，它将一些具有共性的类组合在一起，但不局限于封装类，对于用例、组件等其他模型元素也可以进行封装，甚至一个包可以嵌套到另一个包中，包图虽然并非正式的 UML 图，但经常被使用。包与包之间和类与类之间一样可以画出依赖性关系，包依赖性用虚线箭头表示，包图如图 5-3 所示。

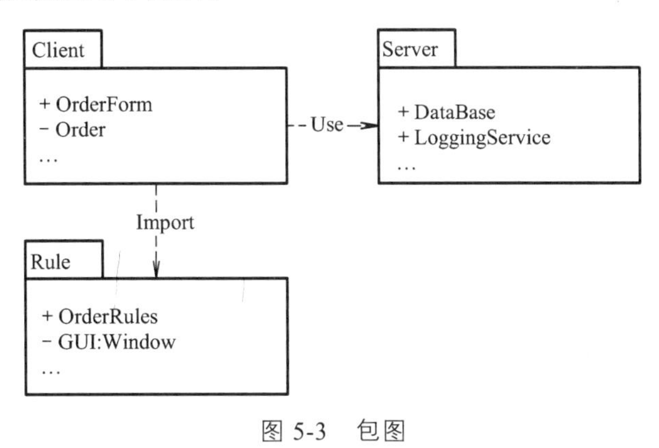

图 5-3　包图

5.2.4 接口设计

接口是一系列方法的声明，是一些方法的特征集合，一个接口只有方法而没有方法的实现，因此这些方法可以在不同的地方被不同的类实现，而这些实现可以具有不同的行为（功能）。

接口也可以说是一些预先定义的函数，目的是提供应用程序与开发人员基于某软件或硬件得以访问一组例程的能力，而又无需访问源码或理解内部工作机制的细节。

将重复出现的代码设计成接口可以大大提高代码的复用率。

5.3 详细设计说明书

5.3.1 详细设计说明书内容及编写要点

1　引言

1.1　编写目的

说明编写这份详细设计说明书的目的，指出预期的读者。

1.2　缩写与术语

为了便利使用，由较长的汉语语词缩短省略而成的汉语语词及专业用词。

1.3　参考资料

列出有关的参考文件，如：

（1）本项目的经核准的计划任务书或合同，上级机关的批文；

（2）属于本项目的其他已发表文件；

（3）本文件中各处引用的文件、资料，包括所要用到的软件开发标准。列出这些文件的标题、文件编号、发表日期和出版单位，说明能够得到这些文件资料的来源。

2　功能设计说明

介绍系统包结构、数据流向。

2.1　用户管理

从类设计、接口设计、表与模块之间的关联来说明用户管理这一模块有哪些功能，并且描述这些功能如何实现。

2.1.1　类设计

对类进行简要说明并画出类图。

2.1.2　接口设计表

使用表格描述类所提供的功能。

2.1.3　模块涉及的表

说明该模块要使用哪些数据库表。

2.1.4　用户查询

用表格、流程图、时序图等描述程序逻辑。

2.2　公告管理

文档结构同 2.1 用户管理。

5.3.2　详细设计说明书任务检查

主要检查软件设计结构的合理性和准确性。

（1）详细设计说明书要和概要设计说明书的要求一致。如是否将需求分析得出的系统各部分间的通信连接、依存关系正确的转换为适当的接口、模块。

（2）详细设计说明书本身内容要完整一致。

（3）模块划分要合理。如模块是否按照高内聚、低耦合进行划分，项目中的各个模块的输出或者输入是否准确一致。

（4）接口定义明确。如有没有描述模块之间的接口，如果接口之间有数据交互，有没有描述数据格式。

（5）文档符合规范。

（6）数据库设计是否合理。如是否考虑了项目的软硬件环境，是否考虑了可能承载的最大负荷或者突发负荷，表中的主键、外键、索引是否恰当的定义了，表中的每个字段名称、含义、所取的数据类型和有效值范围是否合理。

5.3.3　详细设计说明书案例

详细设计说明书编写案例如下所示，功能模块包括对用户管理和公告管理。

1 引言

1.1 编写目的

本文档为《旅游信息管理系统详细设计说明书》，通过系统的组织结构、模块划分、功能分配、运行设计、数据结构设计和出错处理设计等描述，反映出“旅游信息管理系统”各项功能需求的实现，并为系统的编码实现提供设计基础。

本文档目标对象有参与项目的开发人员、参与项目的测试人员、QA（质量保证）人员。

1.2 缩写与术语

表 5-1 缩写与术语

缩写、术语	解 释
本系统	旅游信息管理系统
游客	使用管理信息系统提供服务的人
员工	旅行社的导游或者工作人员
管理员	旅游信息管理系统的维护人员

1.3 参考资料

本文中引用的参考资料和文件：

《旅游信息管理系统需求规格说明书》；

《旅游信息管理系统概要设计说明书》。

2 功能设计说明

系统整体包间关系如图 5-4 所示。

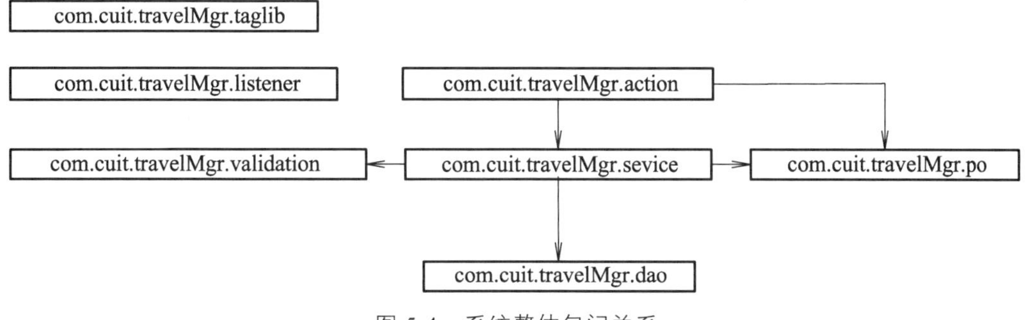

图 5-4 系统整体包间关系

整个系统划分为 action、service、po、dao、taglib、listener、validation 包，分别对应请求处理、业务逻辑处理、对象传输 bean、扩展标签、监听器和输入验证器。例如：在 jsp 中，按钮权限的验证使用扩展标签来简化处理，该类放在 taglib 中。validation 包中则为用户常规输入项的验证，如长度验证、数字验证、必须输入验证等。

系统总体包结构如图 5-5 所示。

整个系统数据流向为 action 调用 service，service 调用 dao 完成操作。在 RestFulAction 中依赖 SpringBeanFactory 获取 spring 配置的 service 层类进行调用，在 BaseService 的实现类中，可以调用其他 service 或使用已经注入的 dao 进行数据库操作，如需要加密操作，则依赖

SecurityFactory 进行处理，例如 UserServiceImpl 中的密码信息。

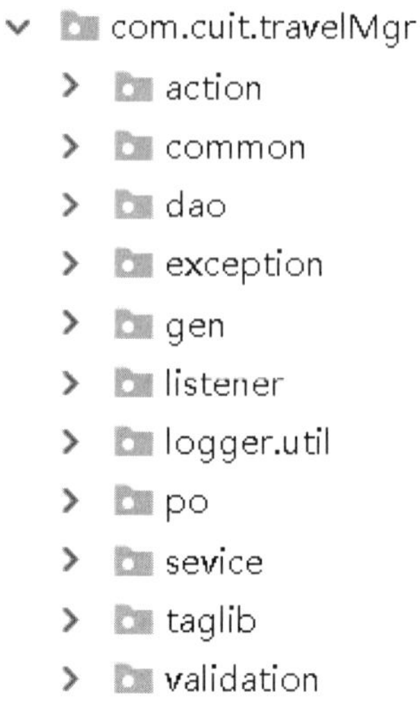

com.cuit.travelMgr
- action
- common
- dao
- exception
- gen
- listener
- logger.util
- po
- sevice
- taglib
- validation

图 5-5　系统总体包结构

其中 action 包中 XXServlet、RestFulAction 表示请求的处理类。将请求中的数据组合为 bean，在服务层调用 validation 进行输入项验证，验证成功后执行相应业务逻辑或者其他服务类等进行业务逻辑处理，使用 dao 进行数据库访问。

Action 包结构如图 5-6 所示。

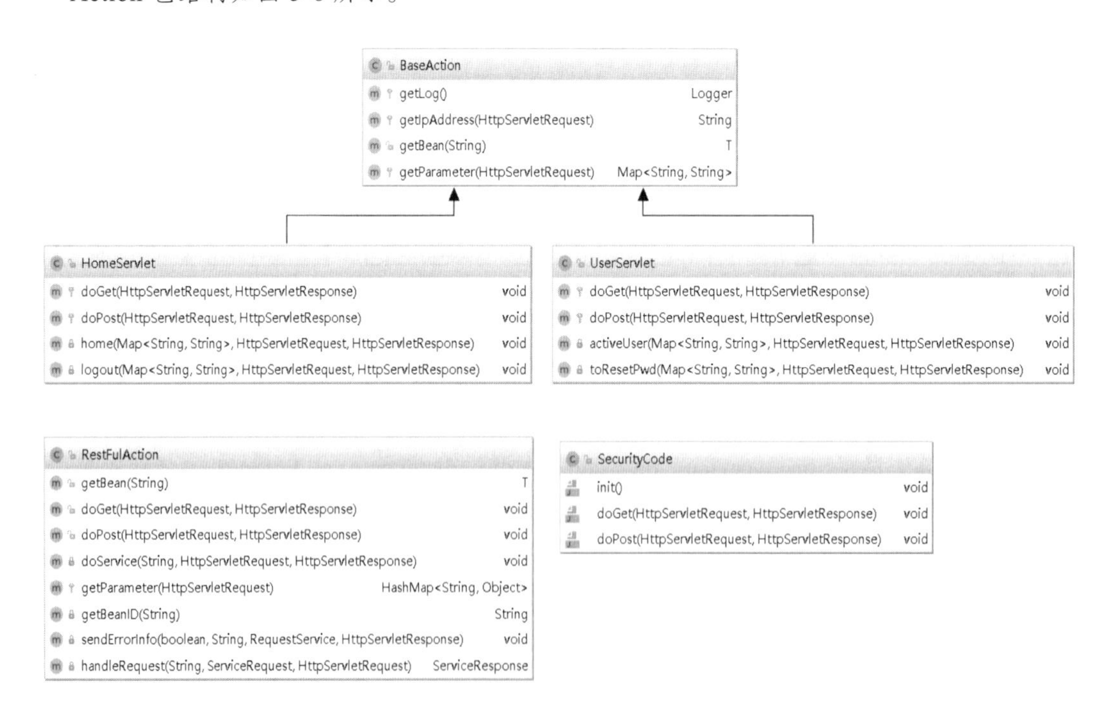

图 5-6　Action 包结构

Validation 包类结构如图 5-7 所示。

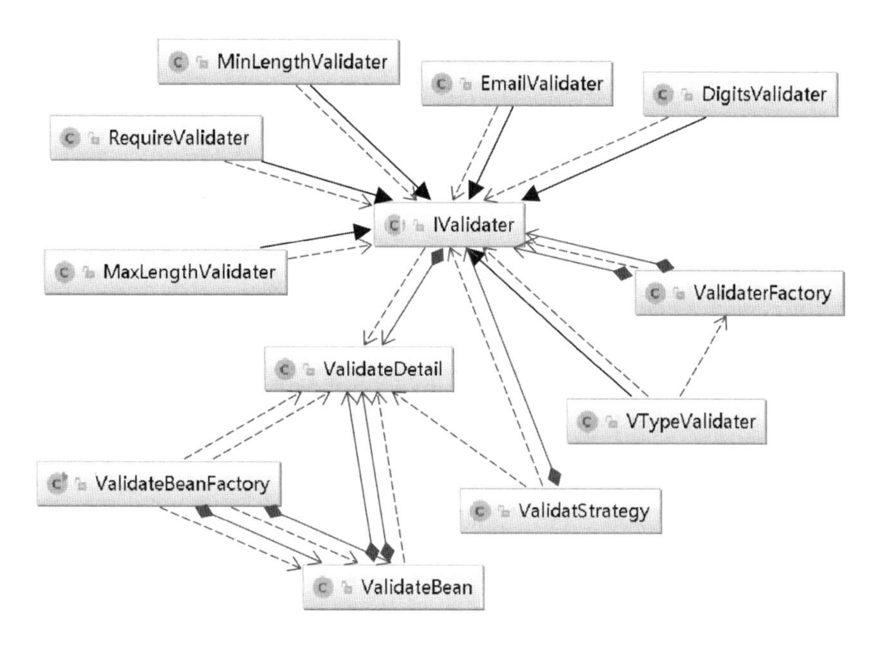

图 5-7　Validation 包类结构

2.1　用户管理

2.1.1　类设计

类间关系如图 5-8 所示。

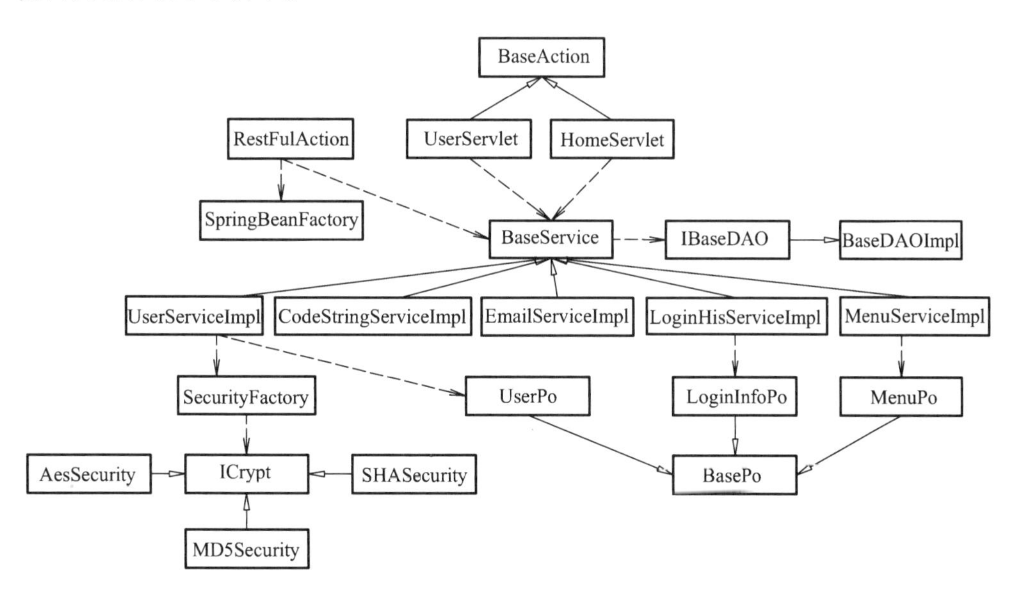

图 5-8　类间关系

说明：servlet 为激活邮件访问的请求，restFulAction 为系统内请求统一访问的接口，所有服务均继承 BaseService 类，UserServiceImpl 中密码需要加密，因此需要依赖密码接口。

2.1.2 接口设计表

表 5-2 UserServlet 类

类名称		UserServlet
类功能		处理激活用户请求以及跳转到重置密码的请求处理类
方法 1	名称	activeUser
	功能	使用 m=activeUser 进入该方法，进行激活用户操作
	输入	HttpServletRequest req，HttpServletResponse resp
	输出	无
方法 2	名称	toResetPwd
	功能	使用 m=toResetPwd 进入该方法，跳转到重置密码界面
	输入	HttpServletRequest request，HttpServletResponse response
	输出	无

表 5-3 HomeServlet 类

类名称		HomeServlet
类功能		处理跳转到首页和退出登录的方法
方法 1	名称	home
	功能	使用 m=home 进入该方法，根据不同的岗位跳转到不同的界面中
	输入	HttpServletRequest req，HttpServletResponse resp
	输出	无
方法 2	名称	logout
	功能	使用 m=logout 进入该方法，退出登录操作
	输入	HttpServletRequest request，HttpServletResponse response
	输出	无

表 5-4 RestFulAction 类

类名称		RestFulAction
类功能		restFul 风格响应的请求处理类。使得开发人员不必关注请求处理，只需要关注具体的业务实现。该 servlet 通过/rest/*进入，星号表示路径中使用 spring 的 beanId 作为路径，同时传入参数 func，service 中的方法名称为 func 值，则自动映射到对应的方法中
方法 1	名称	doGet
	功能	处理 get 请求的处理方法
	输入	HttpServletRequest request，HttpServletResponse response
	输出	无

续表

类名称		RestFulAction
方法 2	名称	doPost
	功能	处理 post 请求的处理方法
	输入	HttpServletRequest request，HttpServletResponse response
	输出	无

说明：

RestFulAction 请求格式为/rest/{springBeanId}?func=XXX，springBeanId 为 spring 配置的 service 的 beanId，如用户服务（userService）中的一个服务方法注册（register），则请求路径为/rest/userService?func= register，func 表示 spring 管理的 bean 中对应的方法名称，方法中的参数 get 和 post 方法传递均可。方法参数和返回必须满足如下样式：

public ServiceResponse register（ServiceRequest sreq，HttpServletRequest request） throws Exception{}

表 5-5 UserServiceImpl 类

类名称		UserServiceImpl
类功能		用户管理服务类
方法 1	名称	register
	功能	注册用户
	输入	ServiceRequest sreq，HttpServletRequest request
	输出	ServiceResponse
方法 2	名称	reSendRegistMail
	功能	重新发送激活邮件
	输入	ServiceRequest sreq，HttpServletRequest request
	输出	ServiceResponse
方法 3	名称	activeUser
	功能	激活用户
	输入	Map<String，String> para，HttpServletRequest request，HttpServletResponse response
	输出	String 错误信息，如果返回 null 则表示成功
方法 4	名称	login
	功能	用户登录
	输入	ServiceRequest sreq，HttpServletRequest request
	输出	ServiceResponse
方法 5	名称	sendForgetMail
	功能	发送忘记密码邮件
	输入	ServiceRequest sreq，HttpServletRequest request
	输出	ServiceResponse

续表

类名称		UserServiceImpl
类功能		用户管理服务类
方法 6	名称	toResetPwd
	功能	从忘记密码邮件中链接跳转到重置密码界面进行参数验证
	输入	ServiceRequest sreq，HttpServletRequest request
	输出	ServiceResponse
方法 7	名称	restPwd
	功能	用户重置密码操作，隐藏传递了重置密码邮件的参数
	输入	ServiceRequest sreq，HttpServletRequest request
	输出	ServiceResponse
方法 8	名称	updatePwd
	功能	通过原有密码修改密码
	输入	ServiceRequest sreq，HttpServletRequest request
	输出	ServiceResponse

表 5-6　SecurityCode 类

类名称		SecurityCode
类功能		验证码生成的 servlet
方法 1	名称	doGet
	功能	GET 方式生成验证码
	输入	HttpServletRequest request，HttpServletResponse response
	输出	无
方法 2	名称	doPost
	功能	POST 请求方式生成验证码
	输入	HttpServletRequest request，HttpServletResponse response
	输出	无

表 5-7　EmailServiceImpl 类

类名称		EmailServiceImpl
类功能		发送邮件的服务类
方法 1	名称	sendRegistMail
	功能	发送注册激活邮件
	输入	UserPo user，HttpServletRequest request
	输出	String，出现错误则不为空
方法 2	名称	sendForgetMail
	功能	发送忘记密码的邮件
	输入	UserPo user，HttpServletRequest request
	输出	String，出现错误则不为空

表 5-8　LoginHisServiceImpl 类

类名称		LoginHisServiceImpl
类功能		记录用户登录历史的服务
方法 1	名称	insertOneInfo
	功能	添加用户登录历史信息
	输入	String userCode, String sessionId, String loginStatus, String loginMsg, String loginAddr
	输出	无
方法 2	名称	update
	功能	退出登录操作记录用户退出信息
	输入	String sessionId
	输出	无

表 5-9　MenuServiceImpl 类

类名称		MenuServiceImpl
类功能		菜单服务类
方法 1	名称	countMenu
	功能	根据菜单链接查询满足条件的菜单数量
	输入	String menuUrl
	输出	Integer
方法 2	名称	getUserRightMenu
	功能	根据用户 id 以及用户岗位 id 查询用户可操作的菜单（功能）信息
	输入	String userID，String staID，String methodName
	输出	List<UserMenuPo>
方法 3	名称	getUserMenuTree
	功能	根据用户 id 和用户岗位查询界面展示的菜单，生成菜单列表
	输入	String userID，String staID
	输出	List<UserMenuPo>，返回树结构

表 5-10　Functions 类

类名称		Functions
类功能		Jsp 使用的自定义标签函数
方法 1	名称	hasRight
	功能	判断用户是否有某个功能的操作权限，funcName 对应 menu 中的 menuUrl，当 menu 不显示，则表示操作权限，menuUrl 为操作的名称。使用如下方式调用： <c:if test="${cuit: hasRight（'addUser', pageContext.request）}">
	输入	String funcName, HttpServletRequest request
	输出	Boolean，没有权限返回 false

表 5-11　BaseDAOImpl 类

类名称		BaseDAOImpl
类功能		提供通用的数据库操作，接口为 IBaseDAO
方法 1	名称	count
	功能	计数查询，传入继承了 BasePo 的 javaBean
	输入	T entity
	输出	Integer
方法 2	名称	count
	功能	计数查询，传入查询 SQL 的 ID 和继承了 BasePo 的 javaBean
	输入	String statement，T entity
	输出	Integer
方法 3	名称	count
	功能	计数查询，传入查询 SQL 的 ID 和 Map 参数
	输入	String statement，Map<String，Object> paramMap
	输出	Integer
方法 4	名称	selectOne
	功能	根据对象查询一条数据
	输入	T entity
	输出	T extends BasePo
方法 5	名称	selectOne
	功能	根据查询 SQL 和对象查询一条数据
	输入	String statement，T entity
	输出	T extends BasePo
方法 6	名称	selectOne
	功能	根据查询 SQL 和 map 参数查询一条数据
	输入	String statement，Map<String，Object> paramMap
	输出	T extends BasePo
方法 7	名称	insert
	功能	添加一条数据，返回插入的数量
	输入	T entity
	输出	int
方法 8	名称	insert
	功能	添加数据，返回插入的数量
	输入	List<T> paramList
	输出	int

续表

类名称		BaseDAOImpl
类功能		提供通用的数据库操作，接口为 IBaseDAO
方法 9	名称	getSequence
	功能	生成一个序列，返回生成的序列
	输入	String seqName
	输出	Long
方法 10	名称	generateID
	功能	根据前缀和长度以及序列名称生成给定长度和前缀的 id
	输入	String prefix，int length，String seqName
	输出	String
方法 11	名称	update
	功能	根据给定对象更新数据，返回更新数量
	输入	T entity
	输出	int
方法 12	名称	update
	功能	T2 作为条件更新为 T1，返回更新数量
	输入	T paramT1，T paramT2
	输出	int
方法 13	名称	update
	功能	根据给定 SQL 和对象更新数据，返回更新数量
	输入	String statement，T entity
	输出	int
方法 14	名称	update
	功能	根据给定 SQL 和 map 参数更新数据，返回更新数量
	输入	String statement，Map<String，Object> paramMap
	输出	int
方法 15	名称	delete
	功能	根据对象删除数据，返回删除的数量
	输入	T entity
	输出	int
方法 16	名称	delete
	功能	根据 SQL 和对象删除数据，返回删除的数量
	输入	String statement，T entity
	输出	int

续表

类名称		BaseDAOImpl
类功能		提供通用的数据库操作，接口为 IBaseDAO
方法 17	名称	delete
	功能	根据 SQL 和 map 参数删除数据，返回删除的数量
	输入	String statement，Map<String，Object> paramMap
	输出	int
方法 18	名称	selectMapList
	功能	根据 SQL 和对象查询列表，列表可以为其他对象
	输入	String statement，T entity
	输出	<T>List
方法 19	名称	selectMapList
	功能	根据对象查询列表，列表可以为其他对象
	输入	T entity
	输出	<T>List
方法 20	名称	selectList
	功能	根据对象查询列表
	输入	T entity
	输出	<T extends BasePo> List<T>
方法 21	名称	selectList
	功能	根据 SQL 和对象查询列表
	输入	String statement，T entity
	输出	<T > List<T>
方法 22	名称	selectList
	功能	根据 SQL 和 map 参数查询列表
	输入	String statement，Map<String，Object> paramMap
	输出	<T > List<T>
方法 23	名称	selectList
	功能	根据对象分页查询数据
	输入	T entity，int pageSize，int pageNum
	输出	<T> PageInfo<T>
方法 24	名称	selectList
	功能	根据 SQL 和对象分页查询数据
	输入	String statement，T entity，int pageSize，int pageNum
	输出	<T> PageInfo<T>

续表

类名称		BaseDAOImpl
类功能		提供通用的数据库操作，接口为 IBaseDAO
方法 25	名称	selectList
	功能	根据 SQL 和 map 参数分页查询数据
	输入	String statement, Map<String, Object> paramMap, int pageSize, int pageNum
	输出	<T> PageInfo<T>

表 5-12　UserMenuPo 类

类名称	UserMenuPo	
类功能	用户菜单 bean，包含子菜单	
属性	menuCode	菜单 id
	menuName	菜单名称
	menuUrl	菜单 URL
	parentMenuCode	所属父级菜单 ID
	menuImgPath	菜单对应图片的 ID
	displayFlag	菜单是否显示 01（是）；02（否）
	userId	用户 id
	staId	岗位 id
	subMenu	子菜单
接口	getXxx，setXxx	

表 5-13　LoginInfoPo 类

类名称	LoginInfoPo	
类功能	用户登录历史 Bean	
属性	loginId	登录 id
	userCode	登录用户
	sessionId	sessionID
	loginDt	登录时间
	logoutDt	退出时间
	loginStatus	登录状态，01（登录成功）；02（登录失败）
	loginMsg	登录信息
	loginAddr	登录 ip
接口	getXxx，setXxx	

表 5-14　MenuPo 类

类名称	MenuPo	
类功能	菜单 Bean	
属性	menuCode	菜单 id
	menuName	菜单名称
	menuUrl	菜单 URL
	parentMenuCode	所属父级菜单 id
	menuImgPath	菜单对应图片的 id
	displayFlag	菜单是否显示，01（是）；02（否）
接口	getXxx，setXxx	

表 5-15　SequencePo 类

类名称	SequencePo	
类功能	序列 Bean	
属性	seqId	序列 id
	seqName	序列名称
接口	getXxx，setXxx	

表 5-16　StaMenuPo 类

类名称	StaMenuPo	
类功能	岗位菜单 Bean	
属性	staId	岗位号
	menuCode	菜单号
接口	getXxx，setXxx	

表 5-17　StationPo 类

类名称	StationPo	
类功能：	岗位 Bean	
属性	staId	岗位 id
	supStaId	上级岗位 id
	staName	岗位名称
	staCode	岗位 code
	staDesc	岗位说明
接口	getXxx，setXxx	

表 5-18　UserPo 类

类名称	UserPo	
类功能：	用户 bean	
属性	userId	用户 id
	userName	用户真实姓名
	mobilePhone	手机号码
	email	email
	userIdentity	身份证
	userPwd	登录密码
	payPwd	支付密码
	amt	账户余额
	loginErrCnt	登录错误次数
	payErrCnt	付款错误次数
	logo	头像路径
	nickName	昵称
	age	年龄
	sex	性别
	loginLockDt	登录锁定日期
	loginLock	登录锁定状态
	payLock	支付锁定状态
	payLockDt	支付锁定日期
	regDate	注册日期
接口	getXxx，setXxx	

表 5-19　UserStaPo 类

类名称	UserStaPo	
类功能：	用户岗位 Bean	
属性	staId	岗位 id
	userId	用户 id
接口	getXxx，setXxx	

2.1.3　模块涉及的表

表 5-20　模块涉及的表

t_user	用户表
t_login_info	用户登录历史表
t_role_menu	角色菜单表

续表

t_role	角色表
t_user_role	用户角色表
t_sequence	序列表
t_menu	菜单表
t_code_string	分类码值表

2.1.4 用户查询

2.1.4.1 输入项

表 5-21 输入项

名称	英文名	类型/长度	备注
用户真实姓名	userName		
注册邮箱	email		
性别	sex		
昵称	nickName		

2.1.4.2 输出项

表 5-22 输出项

名称	英文名	类型/长度	备注
ID	userId		
用户真实姓名	userName		
手机号码	mobilePhone		
email	email		
昵称	nickName		
年龄	age		
性别	sex		
注册日期	regDate		

2.1.4.3 流程图

用户查询流程图如图 5-9 所示。

2.1.4.4 时序图

用户查询时序图如图 5-10 所示。

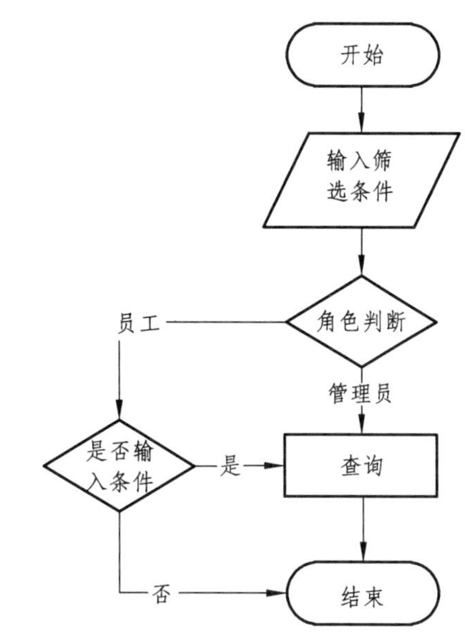

图 5-9　用户查询流程图

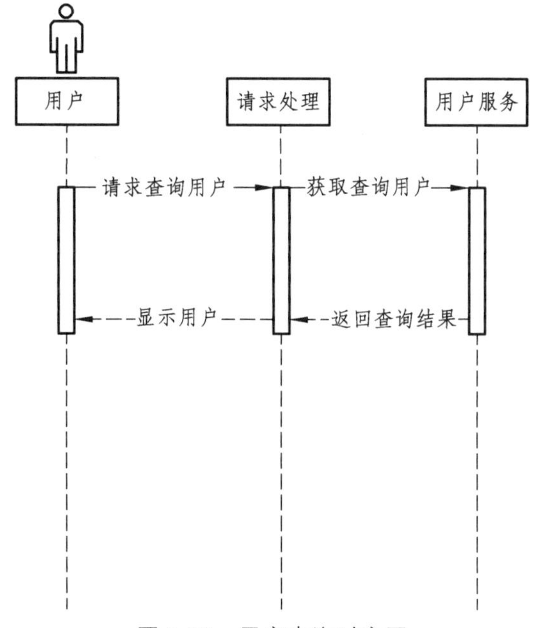

图 5-10　用户查询时序图

2.1.5　用户注册

2.1.5.1　输入项

表 5-23　输入项

名称	英文名	类型/长度	备注
账号（邮箱）	account		
密码	password		
重复密码	passwordRepeat		
验证码	txtCode		

2.1.5.2　输出项

表 5-24　输出项

名称	英文名	类型/长度	备注
成功标志	respCode		成功返回 true，失败 false

备注：

2.1.5.3　流程图

用户注册流程图如图 5-11 所示。

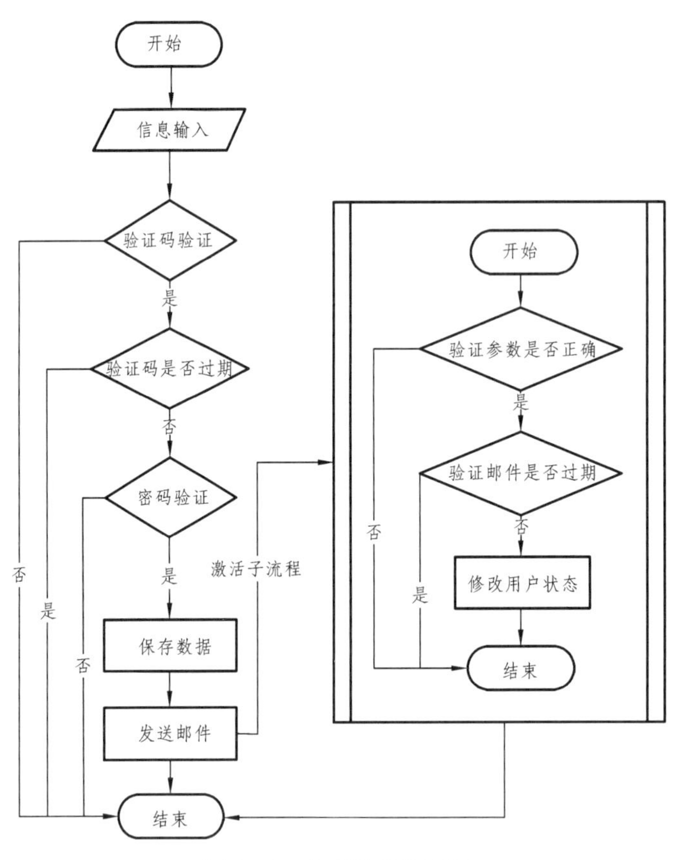

图 5-11　用户注册流程图

2.1.5.4　时序图

用户注册时序图如图 5-12 所示。

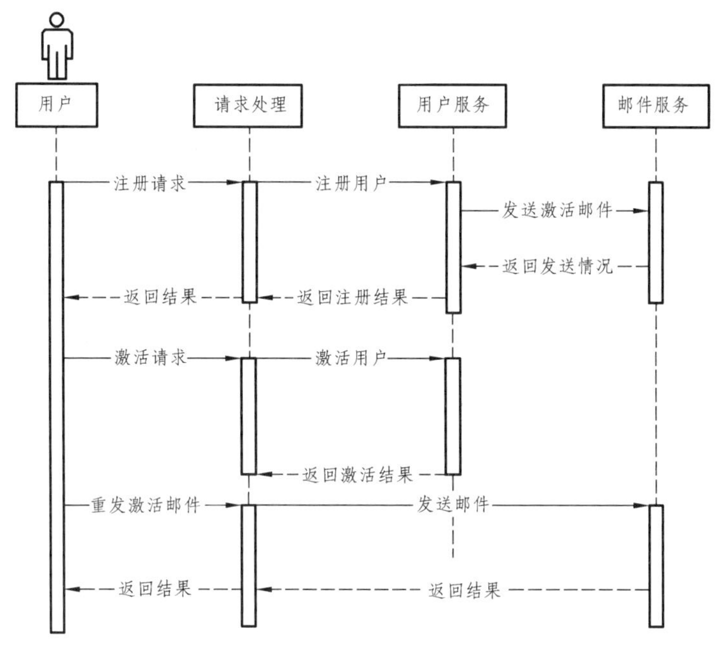

图 5-12 用户注册时序图

2.1.6 用户新增

2.1.6.1 输入项

表 5-25 输入项

名称	英文名	类型/长度	备注
用户真实姓名	userName		
手机号码	mobilePhone		
email	email		
性别	sex		
年龄	age		

2.1.6.2 输出项

表 5-26 输出项

名称	英文名	类型/长度	备注
成功标志	respCode		成功返回 true，失败返回 false

2.1.6.3 流程图

用户新增流程图如图 5-13 所示。

2.1.6.4 时序图

用户新增时序图如图 5-14 所示。

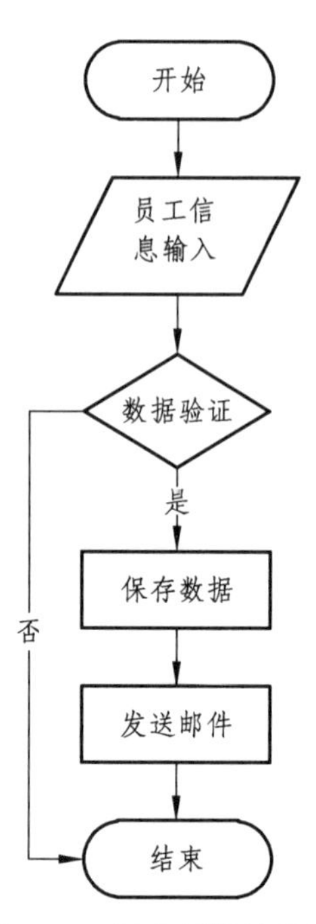

图 5-13　用户新增流程图

说明：该功能为管理员新增员工信息。

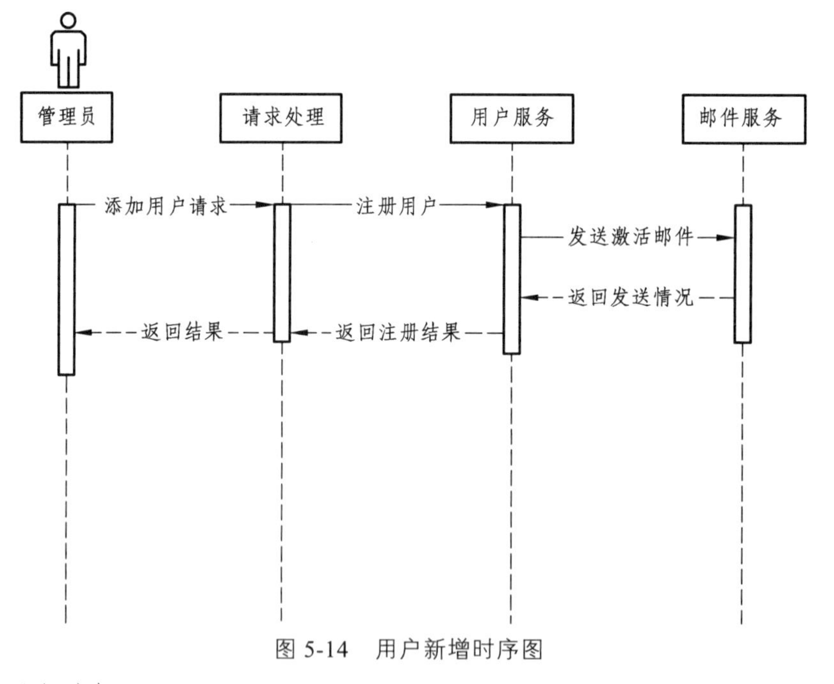

图 5-14　用户新增时序图

2.1.7　用户删除

2.1.7.1　输入项

表 5-27　输入项

名称	英文名	类型/长度	备注
ID	userId		

2.1.7.2　输出项

表 5-28　输出项

名称	英文名	类型/长度	备注
成功标志	respCode		成功返回 true，失败返回 false

2.1.7.3　流程图

用户删除流程图如图 5-15 所示。

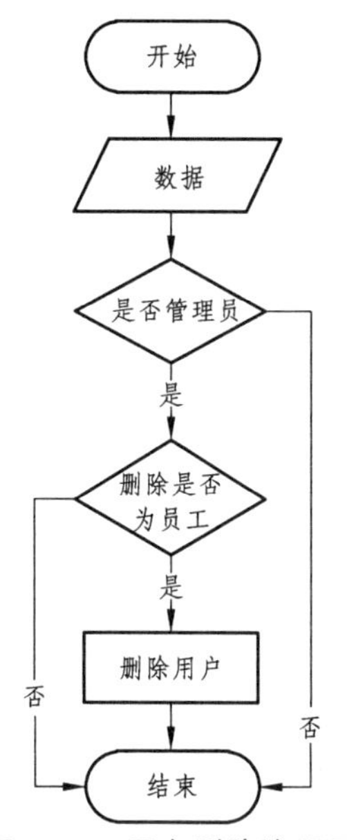

图 5-15　用户删除流程图

说明：该功能为管理员删除员工信息。

2.1.7.4　时序图

用户删除时序图如图 5-16 所示。

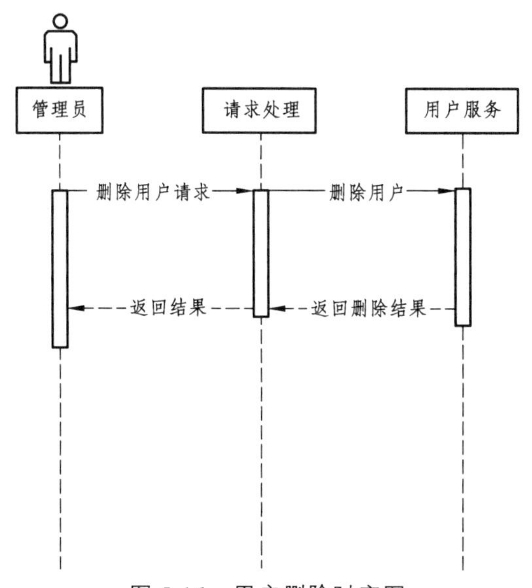

图 5-16　用户删除时序图

2.1.8 密码重置

2.1.8.1 输入项

表 5-29 输入项

名称	英文名	类型/长度	备注
注册邮箱	account		
验证码	txtCode		
调用方法	func		隐藏域值为 sendForgetMail

2.1.8.2 输出项

表 5-30 输出项

名称	英文名	类型/长度	备注
成功标志	respCode		成功返回 true，失败返回 false

2.1.8.3 流程图

密码重置流程图如图 5-17 所示。

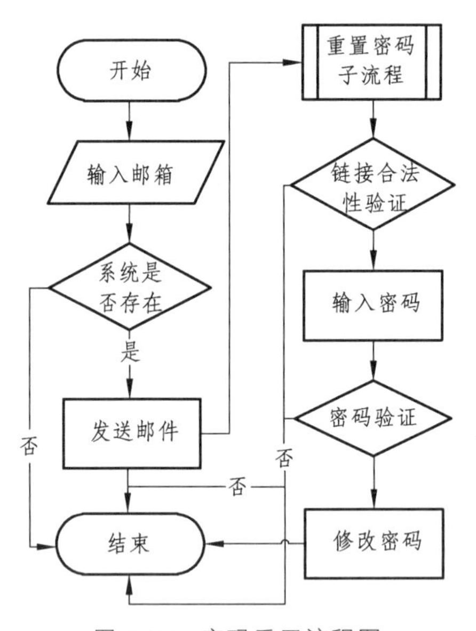

图 5-17 密码重置流程图

2.1.8.4 时序图

密码重置时序图如图 5-18 所示。

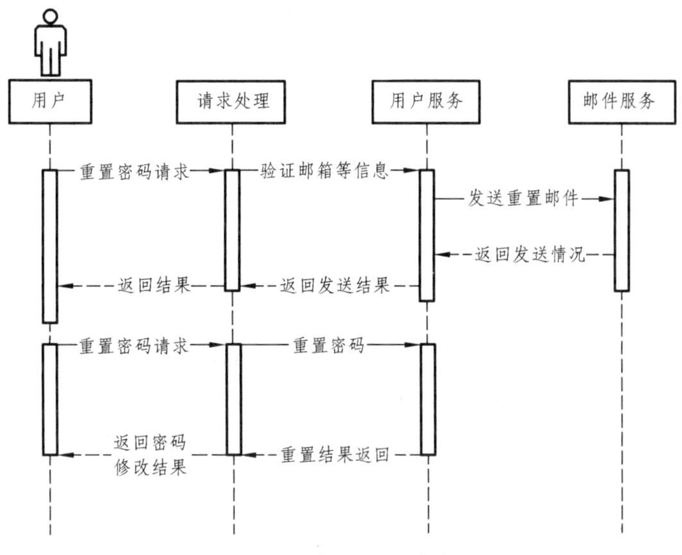

图 5-18　密码重置时序图

2.1.9　用户信息查看

2.1.9.1　输入项

表 5-31　输入项

名称	英文名	类型/长度	备注
ID	userId		

2.1.9.2　输出项

表 5-32　输出项

名称	英文名	类型/长度	备注
ID	userId		
用户真实姓名	userName		
手机号码	mobilePhone		
email	email		
昵称	nickName		
年龄	age		
性别	sex		
注册日期	regDate		

2.1.9.3　流程图

用户信息查看流程图如图 5-19 所示。

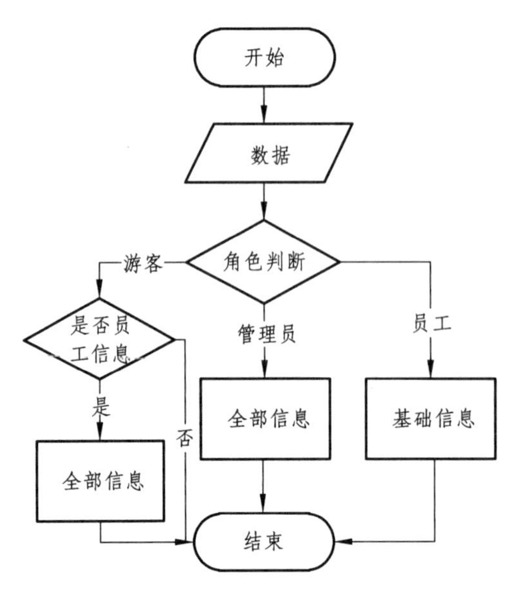

图 5-19　用户信息查看流程图

2.1.9.4　时序图

用户信息查看时序图如图 5-20 所示。

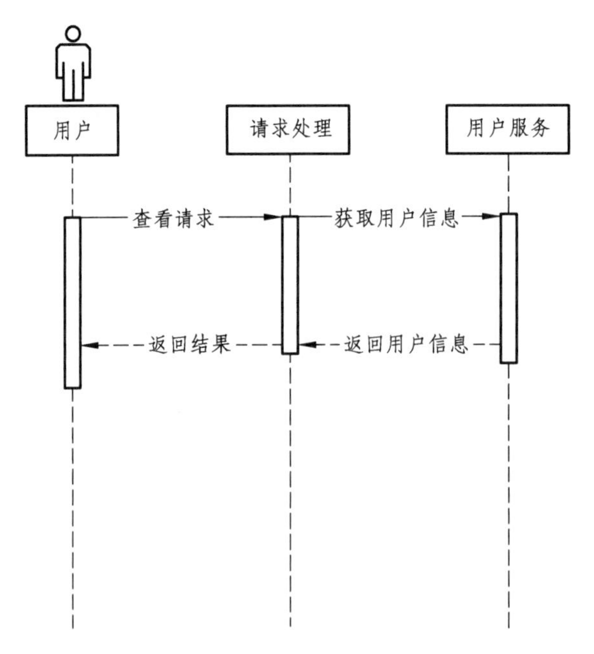

图 5-20　用户信息查看时序图

2.1.10　用户信息修改

2.1.10.1　输入项

表 5-33　输入项

名称	英文名	类型/长度	备注
ID	userId		

续表

名称	英文名	类型/长度	备注
用户真实姓名	userName		
手机号码	mobilePhone		
email	email		
昵称	nickName		
年龄	age		
性别	sex		

2.1.10.2 输出项

表 5-34　输出项

名称	英文名	类型/长度	备注
成功标志	respCode		成功返回 true，失败返回 false

2.1.10.3　流程图

用户信息修改流程图如图 5-21 所示。

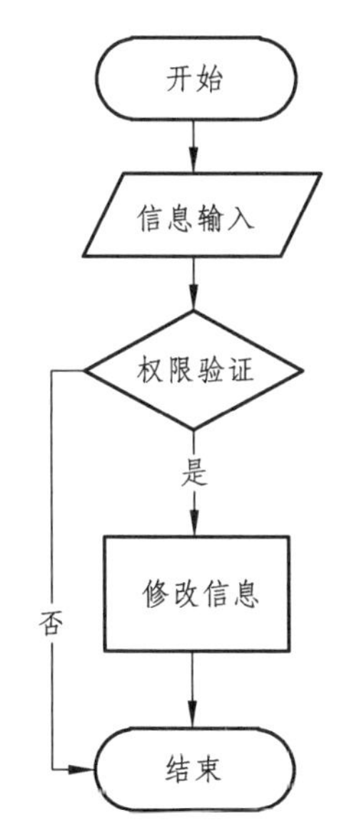

图 5-21　用户信息修改流程图

2.1.10.4　时序图

用户信息修改时序图如图 5-22 所示。

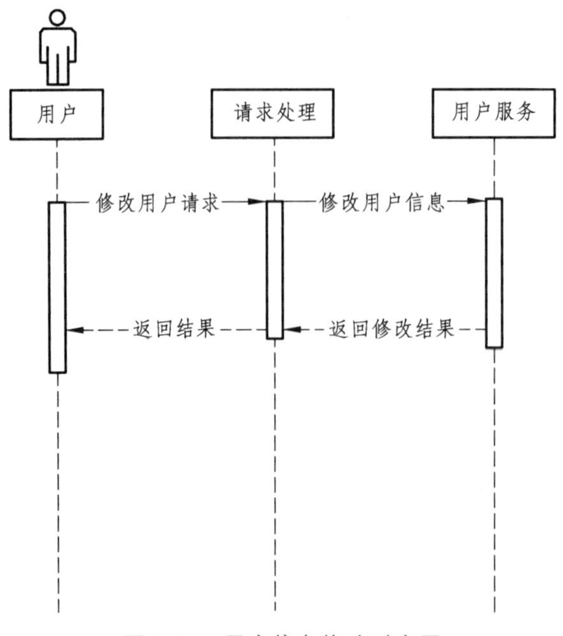

图 5-22　用户信息修改时序图

2.1.11　用户登录

2.1.11.1　输入项

表 5-35　输入项

名称	英文名	类型/长度	备注
注册邮箱	account		
登录密码	password		
验证码	txtCode		

2.1.11.2 输出项

表 5-36　输出项

名称	英文名	类型/长度	备注
成功标志	respCode		成功返回 true，失败返回 false

备注：如果用户没有激活，则返回需要激活标志“valid”，跳转到激活邮件发送界面

2.1.11.3　流程图

用户登录流程图如图 5-23 所示。

2.1.11.4　时序图

用户登录时序图如图 5-24 所示。

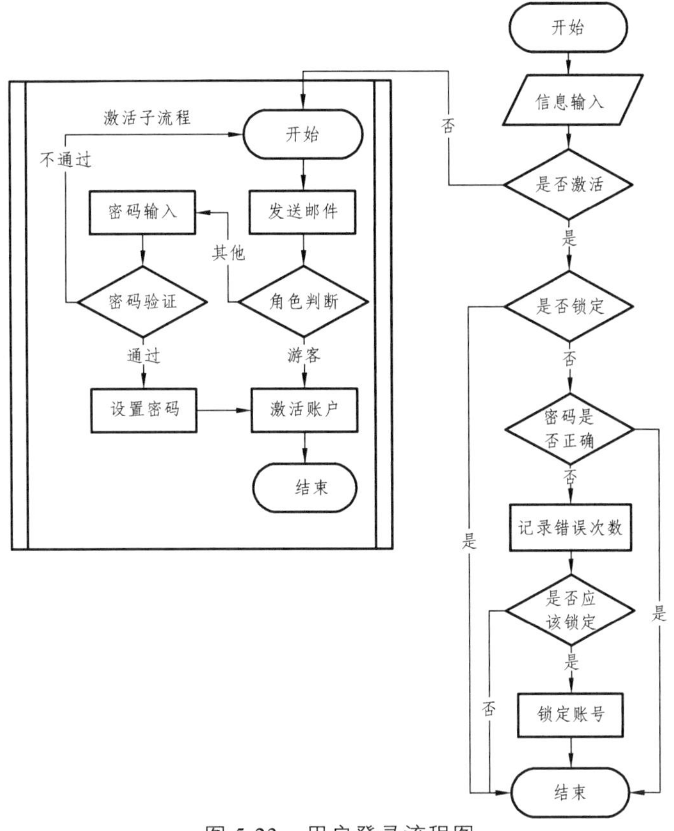

图 5-23 用户登录流程图

说明：

用户未激活的情况下需要激活后才能登录，向用户发送激活邮件，如果用户是员工，则需要初始化密码信息，密码验证成功后设置新密码和激活账户；游客只需要激活账户即可。

用户密码错误达到阈值后会自动锁定账户，锁定期间禁止登录。

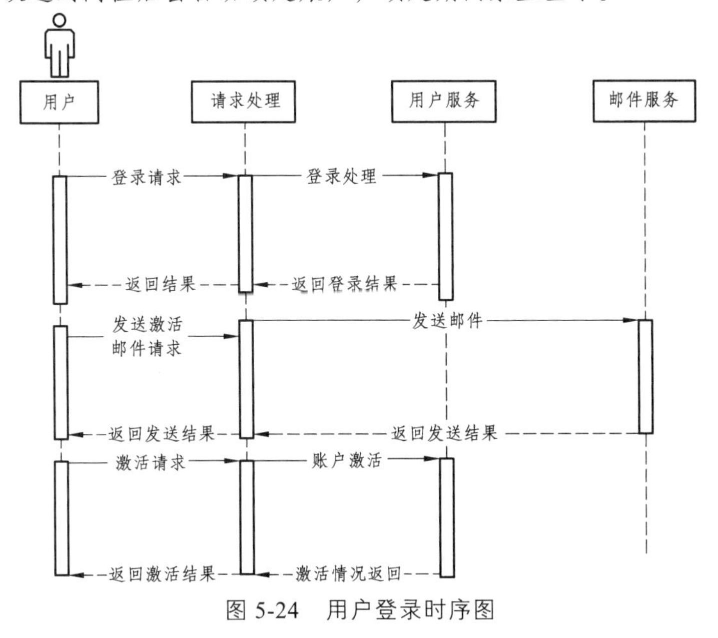

图 5-24 用户登录时序图

2.2 公告管理

2.2.1 类设计

NoticePo 为 javaBean，负责数据传递。

NoticeServiceImpl 为服务层，负责业务逻辑的具体实现。

2.2.2 接口设计表

使用表格描述类的所提供的功能。

表 5-37 NoticeServiceImpl 类

类名称		NoticeServiceImpl
类功能		公告服务实现类
方法 1	名称	getPublishNotice
	功能	根据岗位获取已经发布的公告
	输入	StringstaId
	输出	List< NoticePo>
方法 2	名称	getByPage
	功能	分页查询数据
	输入	NoticePonoticePo，intpageNum，int pageSize
	输出	PageInfo< NoticePo>
方法 3	名称	addOneNotice
	功能	添加一条公告
	输入	NoticePonoticePo
	输出	无
方法 4	名称	updateNotice
	功能	修改公告
	输入	NoticePonoticePo
	输出	无
方法 5	名称	updateNoticeStatus
	功能	修改公告状态
	输入	StringnoticeId，Stringstatus
	输出	无

表 5-38 NoticePo 类

类名称	NoticePo	
类功能	公告的 javaBean	
属性	noticeId	公告 id
	noticeStatus	公告状态
	noticeTitle	公告标题
	publishTarget	发布群体，01（游客）；02（用户）；03（全部）
	noticeCont	公告内容
接口	getXxx、setXxx	

2.2.3 模块涉及的表

表 5-39 模块涉及的表

t_notice	公告表
t_code_string	分类码值表

2.2.4 公告查询

2.2.4.1 输入项

表 5-40 输入项

名称	英文名	类型/长度	备注
公告状态	noticeStatus		
公告标题	noticeTitle		
发布群体	publishTarget		
公告内容	noticeCont		

2.2.4.2 输出项

表 5-41 输出项

名称	英文名	类型/长度	备注
公告 id	noticeId		
公告状态	noticeStatus		
公告标题	noticeTitle		
发布群体	publishTarget		
公告内容	noticeCont		

2.2.4.3 流程图

公告查询流程图如图 5-25 所示。

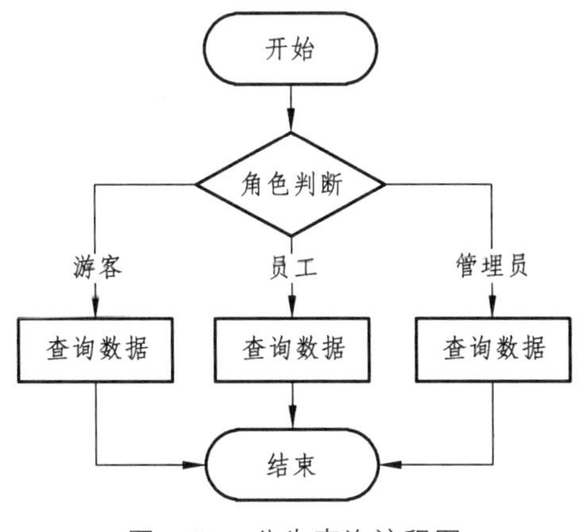

图 5-25 公告查询流程图

说明：不同的角色需要不同的条件进行查询。

2.2.4.4　时序图

公告查询时序图如图 5-26 所示。

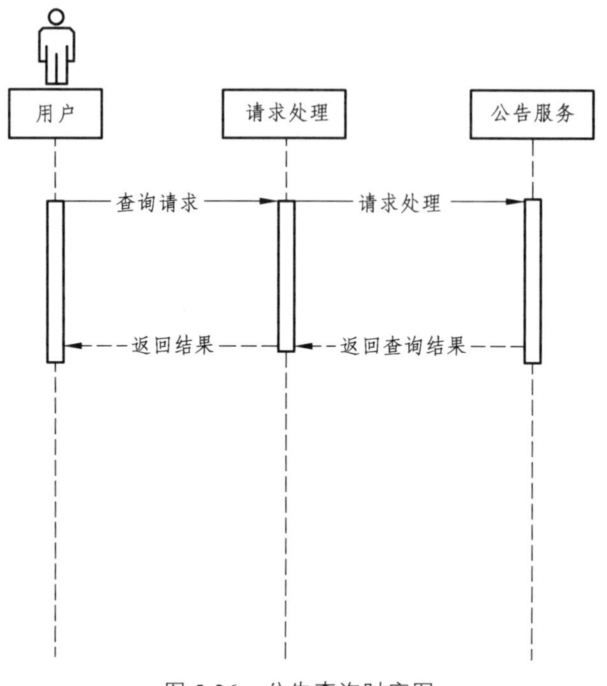

图 5-26　公告查询时序图

2.2.5　公告新增

2.2.5.1　输入项

表 5-42　输入项

名称	英文名	类型/长度	备注
公告标题	noticeTitle		
发布群体	publishTarget		
公告内容	noticeCont		

2.2.5.2　输出项

表 5-43　输出项

名称	英文名	类型/长度	备注
成功标志	respCode		成功返回 true，失败返回 false

备注：主键需要程序生成，状态为固定值。

2.2.5.3　流程图

公告新增流程图如图 5-27 所示。

2.2.5.4　时序图

公告新增时序图如图 5-28 所示。

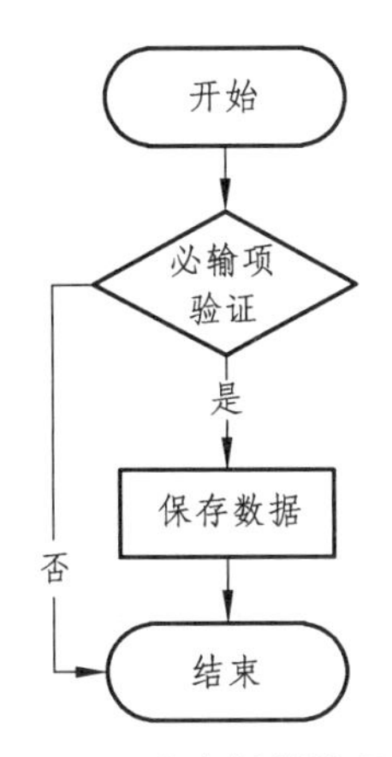

图 5-27　公告新增流程图

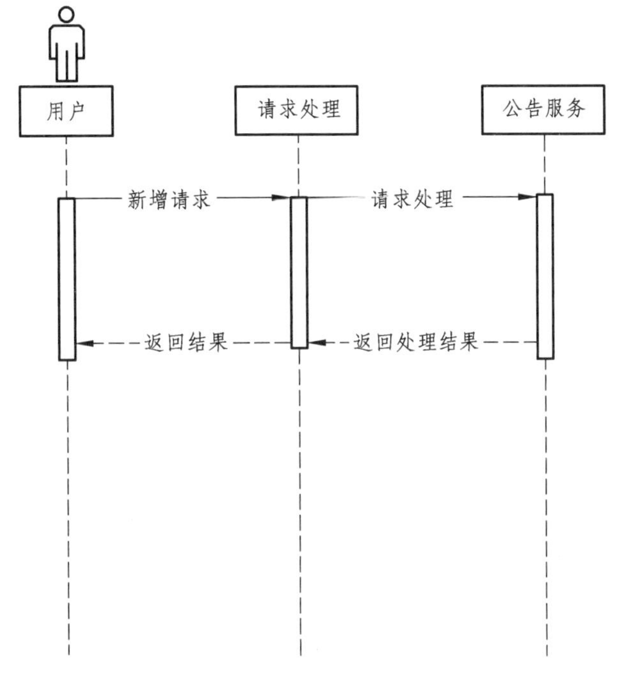

图 5-28　公告新增时序图

2.2.6　公告修改

2.2.6.1　输入项

表 5-44　输入项

名称	英文名	类型/长度	备注
公告 id	noticeId		
公告标题	noticeTitle		
发布群体	publishTarget		
公告内容	noticeCont		

2.2.6.2　输出项

表 5-45　输出项

名称	英文名	类型/长度	备注
成功标志	respCode		成功返回 true，失败返回 false

2.2.6.3　流程图

公告修改流程图如图 5-29 所示。

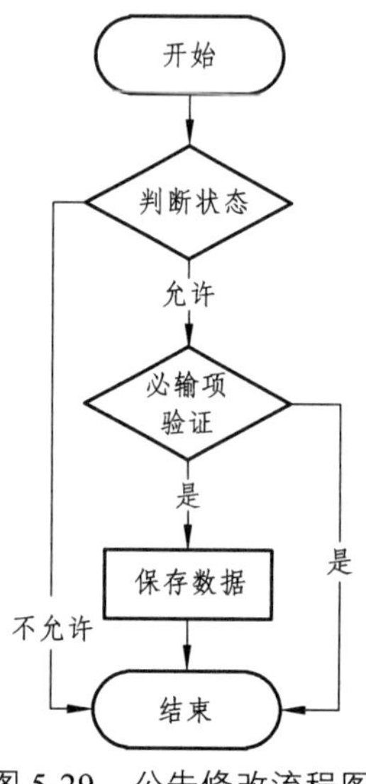

图 5-29　公告修改流程图

说明：需要对操作的公告进行状态验证，如果不能修改，则提示错误信息。

2.2.6.4　时序图

公告修改时序图如图 5-30 所示。

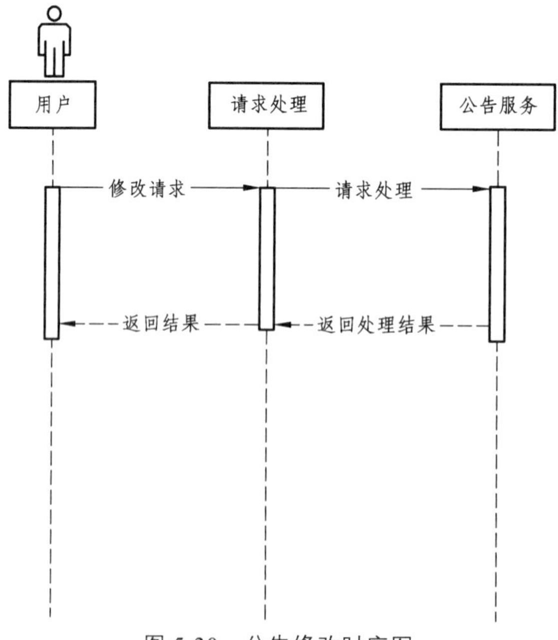

图 5-30　公告修改时序图

2.2.7　公告删除

2.2.7.1　输入项

表 5-46　输入项

名称	英文名	类型/长度	备注
公告 id	noticeId		

2.2.7.2　输出项

表 5-47 输出项

名称	英文名	类型/长度	备注
成功标志	respCode		成功返回 true，失败返回 false

2.2.7.3　流程图

公告删除流程图如图 5-31 所示。

2.2.7.4　时序图

公告删除时序图如图 5-32 所示。

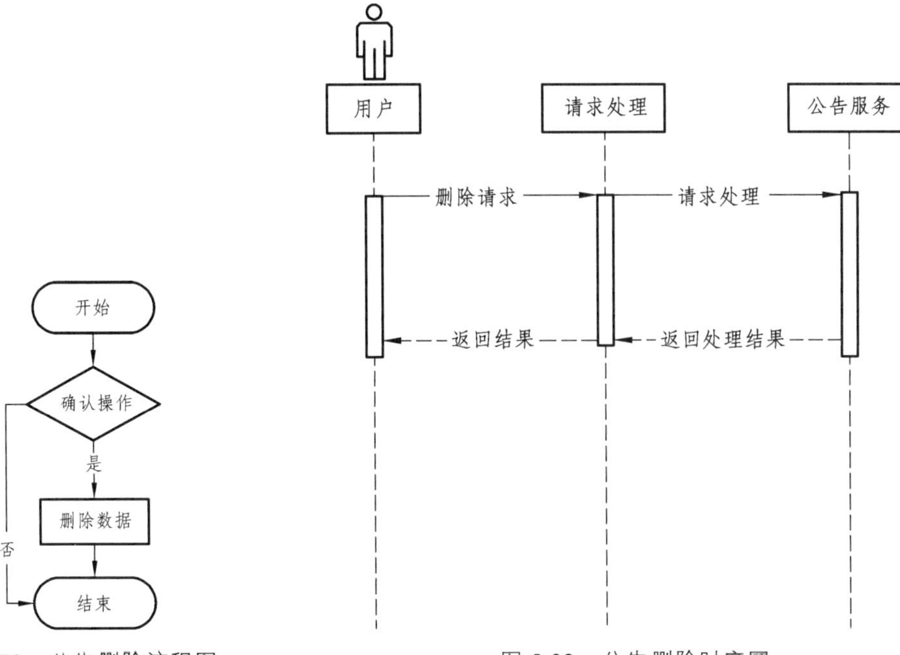

图 5-31　公告删除流程图

图 5-32　公告删除时序图

2.2.8　公告发布

2.2.8.1　输入项

表 5-48　输入项

名称	英文名	类型/长度	备注
公告 id	noticeId		
公告状态	noticeStatus		状态为发布状态

2.2.8.2　输出项

表 5-49　输出项

名称	英文名	类型/长度	备注
成功标志	respCode		成功返回 true，失败返回 false

备注：只需要修改公告状态即可。

2.2.8.3　流程图

公告发布流程图如图 5-33 所示。

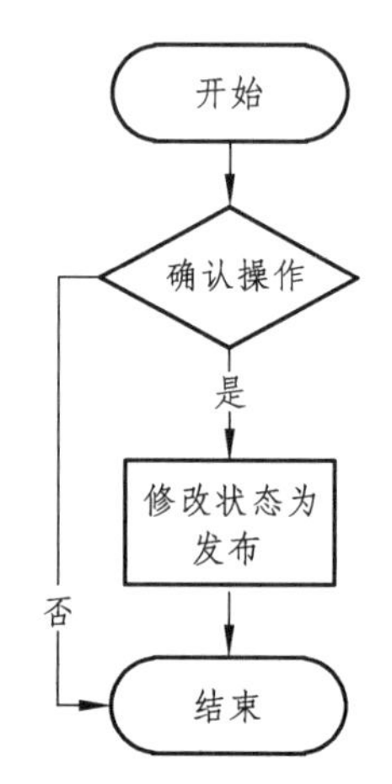

图 5-33　公告发布流程图

2.2.8.4　时序图

公告发布时序图如图 5-34 所示。

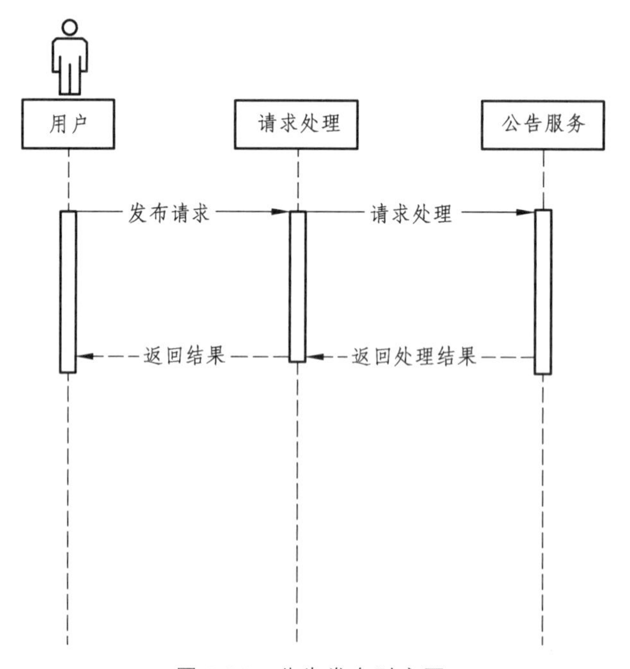

图 5-34　公告发布时序图

2.2.9　公告撤回

2.2.9.1　输入项

表 5-50　输入项

名称	英文名	类型/长度	备注
公告 id	noticeId		
公告状态	noticeStatus		状态为删除状态

2.2.9.2　输出项

表 5-51　输出项

名称	英文名	类型/长度	备注
成功标志	respCode		成功返回 true，失败返回 false

备注：只需要修改状态即可。

2.2.9.3　流程图

公告撤回流程图如图 5-35 所示。

2.2.9.4　时序图

公告撤回时序图如图 5-36 所示。

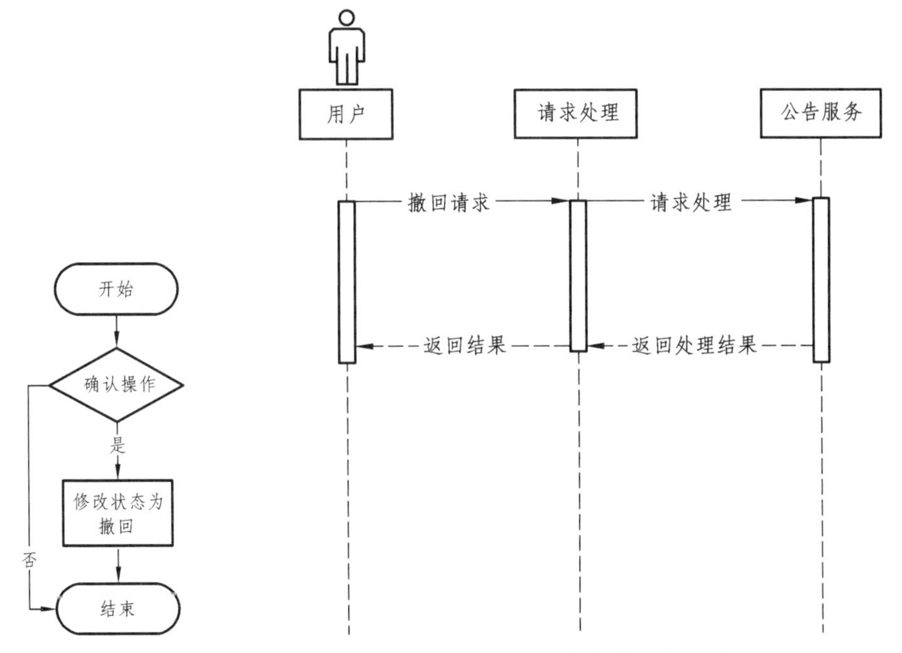

图 5-35　公告撤回流程图　　图 5-36　公告撤回时序图

第 6 章　项目程序开发

6.1　软件开发版本控制

6.1.1　版本控制的意义

在多人协同开发同一项目时，难免会遇到诸多问题，比如，如何保证每一个开发人员都能及时得到最新的版本？当开发人员提交自己的版本后，如何确定更新了哪些内容以便进行 bug 追踪？当出现不可逆的错误操作时，如何查询并且回退到之前的版本？项目负责人如何及时准确地掌握当前的工作进度？当多个开发人员对同一功能进行开发时，如何解决代码冲突？如何做好版本日志？如果使用合适的版本控制软件，这些问题都将得到很好的解决。

版本控制软件提供完备的版本管理功能，用于存储、追踪目录和文件的修改历史，是软件开发者的必备工具。版本控制软件的最高目标，是支持软件公司的配置管理活动，追踪多个版本的开发和维护活动，及时发布软件。常用的版本控制软件有 VSS、CVS、StarTeam、ClearCase、SVN、Git 等，下面介绍 SVN 的使用。

6.1.2　版本控制工具 SVN 的使用

Apache Subversion 通常被缩写成 SVN，是一个开放源代码的版本控制系统，由同一服务端和多个客户端组成，客户端提交自己的版本后，由服务端进行统一储存和管理，因此实际开发中，需要同时安装服务端和客户端。服务端 SVN 一般由项目负责人搭建好，分配用户组和对应的权限，开发人员使用客户端 SVN。

1. SVN 客户端下载安装

进入 TortoiseSVN 官方网站，找到对应版本下载。

2. SVN 客户端使用

（1）安装完成后，在任意文件夹处单击右键，选择“SVN Checkout”，如图 6-1 所示。

（2）弹出窗口中输入对应的项目地址（一般由负责人给出）和本地存放路径，如图 6-2 所示。

（3）输入对应的用户名和密码，单击“OK”，如验证通过等待下载完成即可，如图 6-3 所示。

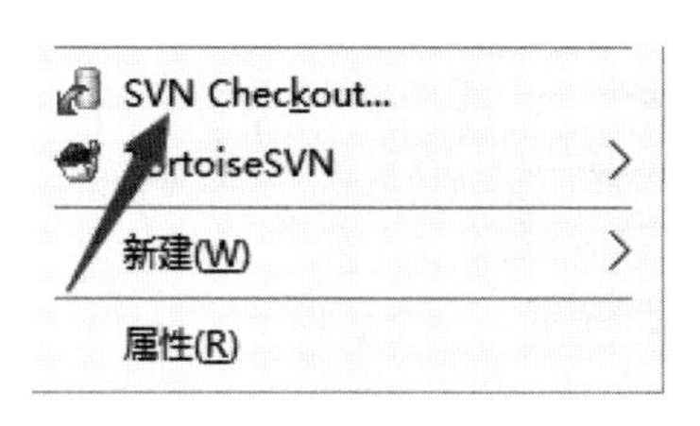

图 6-1　SVN Checkout

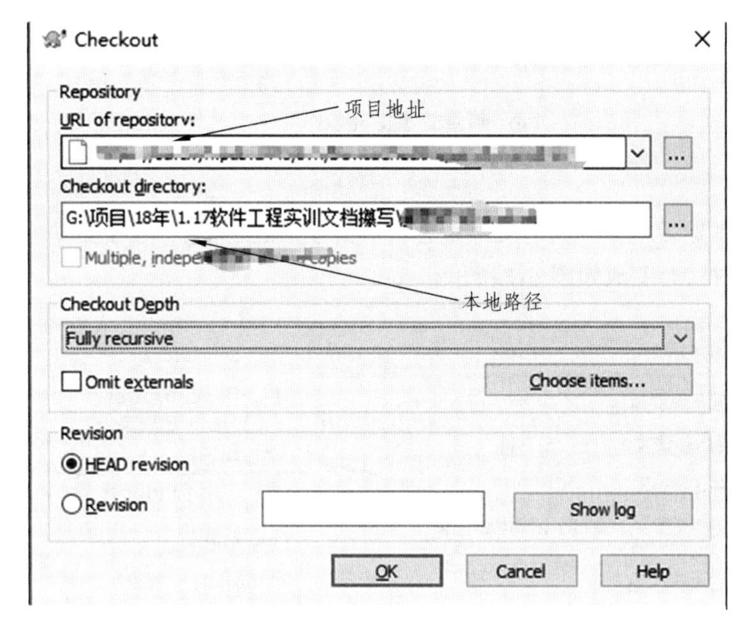

图 6-2　Checkout 设置

图 6-3　输入用户名密码

3. 提交修改

使用 SVN 的版本控制，本地文件会有四种状态，如图 6-4 所示。文件或文件夹与服务端版本一致时，会出现打勾图标；若新建文件或文件夹，会出现问号图标；新建的文件本地添加后，会出现加号图标；若服务端已有的同名文件修改或者已有的同名文件夹中有修改过的内容时，会出现感叹号图标。

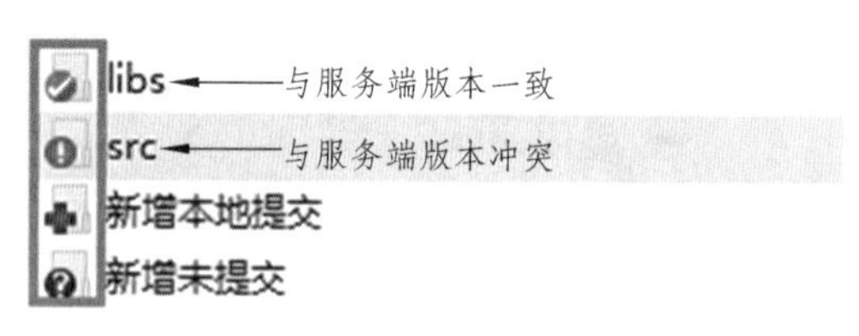

图 6-4　SVN 的版本控制状态

下面简单示范如何新增一个文件并提交到服务端：

（1）新建文件，如图 6-5 所示。

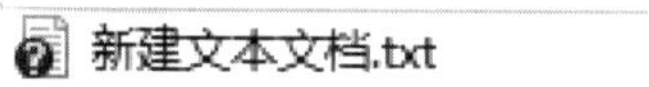

新建文本文档.txt

图 6-5　新建文件

（2）添加到本地版本库。选中文件后右键单击 TortioseSVN，在子菜单中选中“Add”，如图 6-6 所示，此时状态变成如图 6-7 所示。

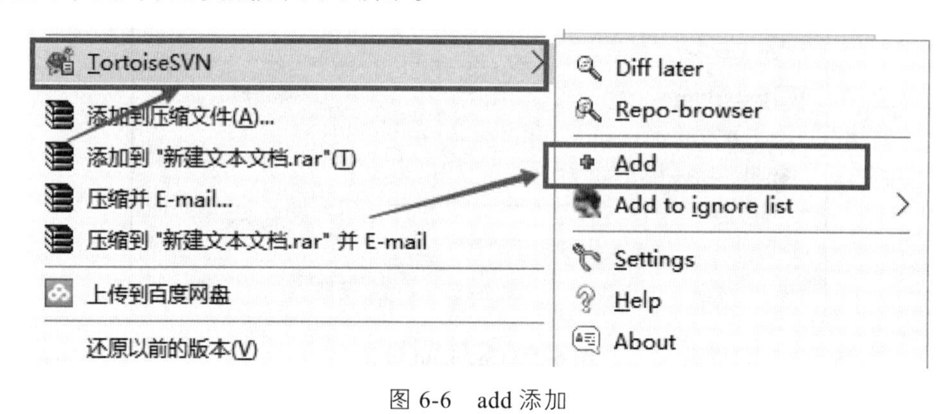

图 6-6　add 添加

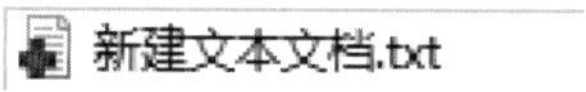

新建文本文档.txt

图 6-7　新建文本文档

（3）点击“SVN Commit...”，提交到服务端，如图 6-8 所示。

图 6-8　提交到服务端

6.2　编码规范

软件编码是将上一阶段详细设计得到的处理过程的描述转换为基于某种计算机语言的程序，即源程序代码，需注意应根据项目的应用领域选择适当的编程语言、编程的软硬件环境以及编码的程序设计风格等事项。为了提高软件编码的效率，需要开发人员遵守统一的编码规范，在实际开发中，不同团队的编码风格可能不一样，应遵守所在团队的编码规范。

6.2.1 目的

对于代码，一方面要求它必须是正确的，并能够按照程序员的真实想法去运行；另一方面要求它必须是清晰易懂的，使其他程序员能够容易理解代码所进行的实际工作。在软件工程领域，源程序的风格统一标志着可维护性、可读性，是软件项目的一个重要组成部分，通过建立代码编写规范，形成开发小组编码约定，可以保证程序代码的质量，使开发人员之间共享工作成果。

下面描述了一个基于 Java 程序设计语言的项目风格，从整体编码风格、函数编写风格、变量风格、注释风格等几个方面进行阐述，这些规范并不是一定要完全遵守，而是要让程序有良好的可读性。

6.2.2 整体编码风格

1. 缩进

缩进建议以 4 个空格为单位，即一个【Tab】键的距离。

2. 空格

原则上变量、类、常量数据和函数在其类型、修饰名称之间适当空格并根据情况对齐。

3. 对齐

原则上关系密切的行应对齐，包括类型、修饰、名称、参数等各部分对齐。另外每一行的长度不应超过屏幕太多，必要时适当换行，换行时尽可能在“,”处或运算符处，换行后最好以运算符开头，并且以下各行均以该语句首行缩进。变量定义最好通过添加【Tab】键形成对齐，同一类型的变量最好放在一起。

4. 空行

不得存在无规则的空行，比如说连续数个空行。类、函数、功能块之间应以空行相隔。

5. 注释

注释是软件可读性的具体体现。程序注释量一般占程序编码量的 20%（软件工程要求不少于 20%）。程序注释不能用抽象的语言，类似于“处理”“循环”这样的计算机抽象语言，要精确表达出程序的处理说明。注释必不可少，但也不应过多，避免每行程序都使用注释，可以在一段程序的前面加一段注释，说明处理逻辑。以下是 4 类必要的注释：

（1）标题、附加说明。

（2）函数、类等的说明。对每个函数都应有适当的说明，通常加在函数实现之前，在没有函数实现部分的情况下则加在函数原型前，其内容主要是函数的功能、目的、算法、参数、返回值等说明，必要时还要有一些特别的软硬件要求等说明。公用函数、公用类的声明必须由注解说明其使用方法和设计思路，当然选择恰当的命名格式能够帮助程序开发人员解释得更清楚。

（3）在代码不明晰或不可移植处必须有一定的说明。

（4）少量的其他注释，如自定义变量的注释、代码书写时间等。

注释有块注释和行注释两种，分别用“/**/”和“//”表示。建议对（1）用块注释，（4）用行注释，（2）、（3）则视情况而定，但应统一，至少在一个单元中（2）类注释形式应统一。

6. 页宽

页宽应该设置为80字符。源代码一般不会因超过这个宽度而导致无法完整显示，但这一设置也可以灵活调整。在任何情况下，超长的语句应该在一个逗号或者一个操作符后折行。

7. 行数

一般的集成编程环境下，每屏大概只能显示不超过50行的程序，所以某些函数大概需要5～6屏显示，在某些环境下甚至要8屏左右才能显示完。这样，无论是读程序还是修改程序，都会有困难。因此，建议把完成比较独立功能的程序块抽出，单独成为一个函数；把完成相同或相近功能的程序块抽出，独立为一个子函数。可以发现，越是上层的函数越简单，往往就是调用几个子函数，而底层的函数完成的是具体的工作。这是好程序的一个标志。这样，我们就可以在较上层函数里专注于控制整个程序的逻辑，而在底层的函数里专注于某方面的功能实现。

6.2.3 函数编写风格

1. 函数的命名

通常，函数的命名也是以能表达函数的动作意义为原则的，一般是“动词+名词”的形式，表示该函数是哪个对象以及要做什么事情，同时采用驼峰命名法（即第一个单词首字母小写，后面其他单词首字母大写）。另外还有一些函数命名的通用规则，如取值函数，用get开头，然后紧跟上要取的对象的名字；对于赋值函数，则用set开头，然后紧跟要设的对象的名字；对于对象中为了响应消息进行动作的函数，可以用on开头，然后是相应的消息的名称；对于进行主动动作的函数，可以用do开头，然后是相应的动作名称。类似的规则还有很多，需要程序员多读优秀的程序，逐渐积累经验，这样才能命名出好的函数名。

2. 函数注释

系统自动生成的函数，如鼠标动作响应函数等，不必太多的注释和解释；对于自行编写的函数，若是系统关键函数，则必须在函数实现部分的上方标明该函数的信息，格式如下：

```
/**
* 函数名：
* 编写者：
* 功  能：
* 输入参数：
```

* 输出参数：
* 备 注：
*/

6.2.4 符号使用风格

1. 总体要求

对于各种符号的定义，都有一个共通点，就是应该使用有实际意义的英文单词或英文单词的缩写，不要使用简单但没有意义的字串。

例如，file（文件），code（编号），data（数据），pagepoint（页面指针），faxcode（传真号），address（地址），bank（开户银行），等等。

2. 变量名称

变量命名由“前缀+修饰语”构成。现在较流行的命名方法是由微软的一个匈牙利软件工程师首先使用的，并且推广开来，被称为匈牙利命名法。匈牙利命名法规定，使用表示标识符所对应的变量类型的英文小写缩写作为标识符的前缀，后面紧跟使用表示变量意义的英文单词或缩写进行命名。下面是匈牙利命名法中的一些命名方式：

（1）生存期修饰：用 l（local）表示局域变量，p（public）表示全局变量，s（send）表示参数变量。

（2）类型修饰：用 s（string）表示字符串，c（char）表示字符，n（number）数值，i（intger）表示整数，d（double）表示双精度，f（float）表示浮点型，b（bool）表示布尔型，d（date）表示日期型。

例如：liLength 表示整型的局域变量，是用来标识长度；lsCode 表示字符型的局域变量，用来标识代码。

3. 控件名称

控件命名由“前缀+修饰语”构成，前缀即为控件的名称或缩写。

按钮变量：btn+Xxxxxx，例如 btnSave，btnExit，btnPrint 等；

标签变量：lbl+Xxxxxx，例如：lblName，lblSex 等；

数据表变量：tbl+Xxxxxx，例如：tblFile，tblCount 等。

注：对于与表有关的控件“修饰语”部分最好直接用表名。

4. Class 的命名

Class（类）的名字必须使用大驼峰命名法（即由一个或数个能表达该类意思的以大写字母开头的单词或缩写组成），这样能使这个 Class 的名称更容易被理解。

5. Class 变量的命名

变量的名字必须使用小驼峰命名法。

6. Static Final 静态常量的命名

常量的命名应该都大写，并且指出完整含义。我们在程序里经常会用到一些常量，它是有特定的含义的。例如，写一个薪金统计程序，公司员工有 50 人，在程序里会用 50 这个数字去进行各种各样的运算，在这里 50 就作为常量。而其他的程序员在程序里看到 50 这个数，不知道它的含义，就只能靠猜了。所以这个常量的命名应该能表达该数的意义，并且应该全部大写，以与对应于变量的标识符区别开来。对于 50 这个数字，可以定义为一个名为 NUMOFEMPLOYEES 的常量来代替。这样，其他的程序员在读程序的时候就容易理解该常量了。

7. 参数的命名

参数的名字必须和变量的命名规范一致。

8. 数组的命名

数组应该总是用“byte[] buffer;”方式命名，而不是“byte buffer[];”。

9. 方法的参数

使用有意义的参数命名，如果可能的话，使用和要赋值的字段一样的名字：

```
SetCounter（int size） {
    this.size = size;
}
```

6.2.5 程序编写风格

1. exit（ ）

该函数除了在 main 中可以被调用外，一般情况下不应该在其他地方调用。因为这样做不给任何代码机会来截获退出。一个类似后台服务的程序不应该因为某一个库模块决定了要退出就中止运动。

2. 异常

（1）对程序中可能发生异常的地方，应该主动进行异常处理（一般情况下，对数据库操作和打印操作，可能进行异常处理）。

（2）不应该将程序的分支语句写入异常处理中。

3. 垃圾收集

Java 使用成熟的后台垃圾收集技术来代替引用计数，JVM 提供完善的垃圾回收机制。但是建议在使用完对象的实例以后进行清场工作。

6.2.6 合法性检查

（1）数据输入：直接根据数据库具体项目的数据类型、长度及是否允许为空等约束，并参照项目含义，确定项目的可输字符。

（2）数据打印：存入 txt 文件或 Excel 的 Book 文件。

6.3 开发环境搭建

在实际开发中，为了提高编码效率，避免程序员在不必要的工作上浪费时间，通常会使用集成开发环境（IDE）进行开发，一个完整好用的 IDE 会大大提高开发效率。在 Java 开发中，常使用的 IDE 是 Eclipse 和 IntelliJ IDEA（通常简称 IDEA），下面以 Eclipse 为例。

6.3.1 下载安装

Eclipse 安装有压缩包版本和安装版本，两者都可使用。为了方便这里使用压缩包版本，官网上下载后解压即可使用。进行 Web 项目开发选择 Eclipse IDE for Java EE Developers。

6.3.2 简单使用

解压到当前文件夹后在 Eclipse 中单击可执行文件，如图 6-9 所示。

图 6-9 Eclipse 解压

第一次打开会提示选择默认工作空间，如图 6-10 所示。

新建 Java 项目，选择“File”→“New”→“Project...”，如图 6-11 所示。在弹出窗口选择“java Project”，然后点击“next”，如图 6-12 所示。

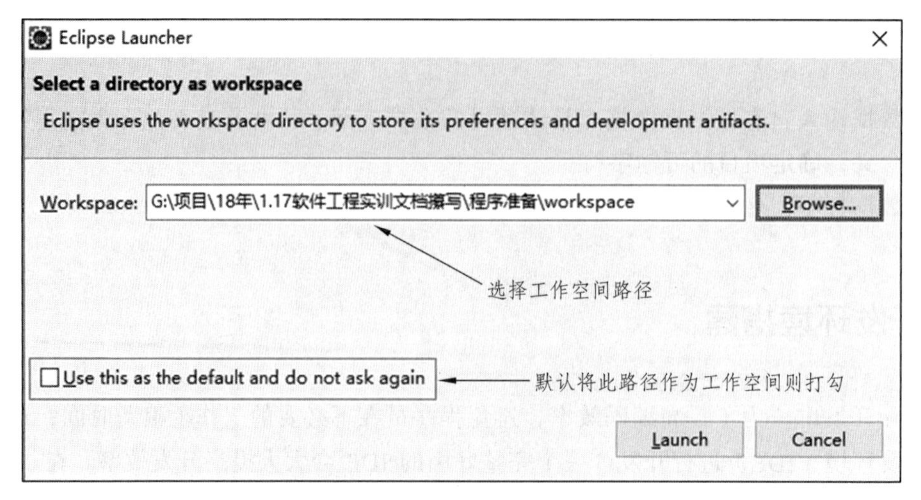

图 6-10　选择工作空间

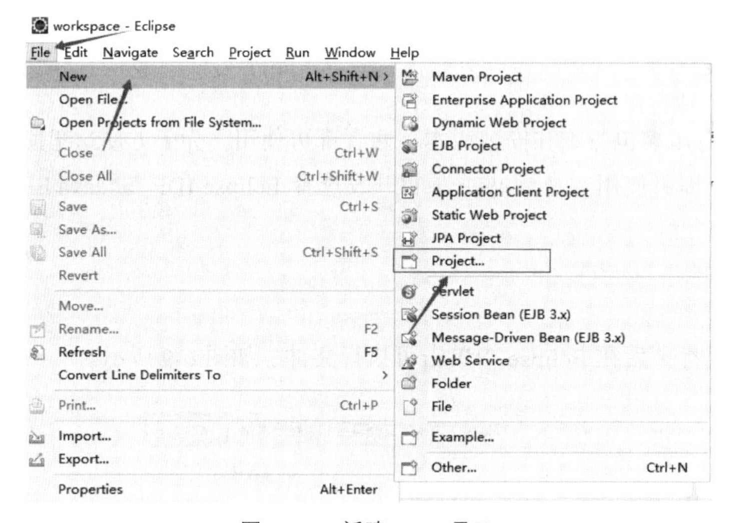

图 6-11　新建 Java 项目

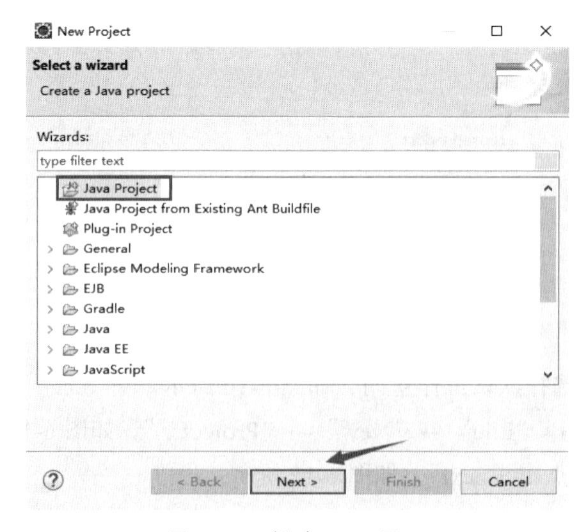

图 6-12　新建 Java 项目

选择下一步后，要求填写项目名，其他默认即可，完成后点击“Finish”，如图 6-13 所示。

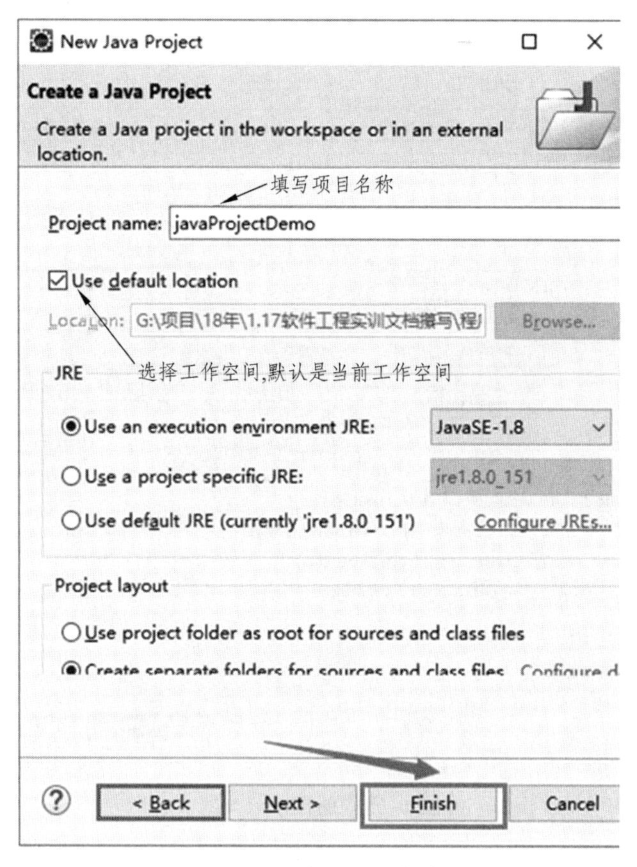

图 6-13　填写项目名称

创建 java 类，选择“File”→“New”→“Class”，如图 6-14 所示。在弹出窗口中填写项目名和类名后，点击“Finish”，如图 6-15 所示。新建的类如图 6-16 所示。

右键单击要运行的主类，选择“Run As”→“Java Application”运行，如图 6-17 所示。

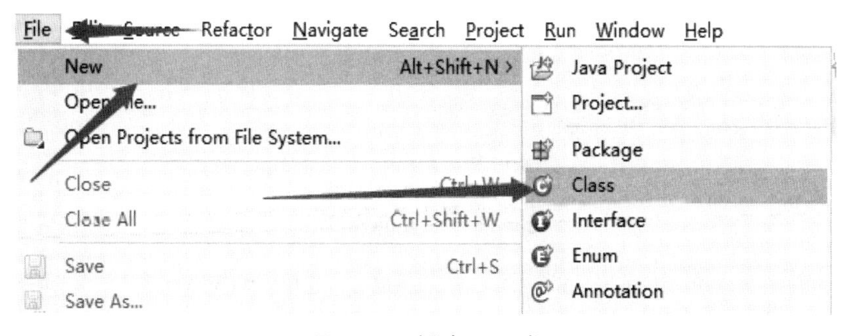

图 6-14　创建 java 类

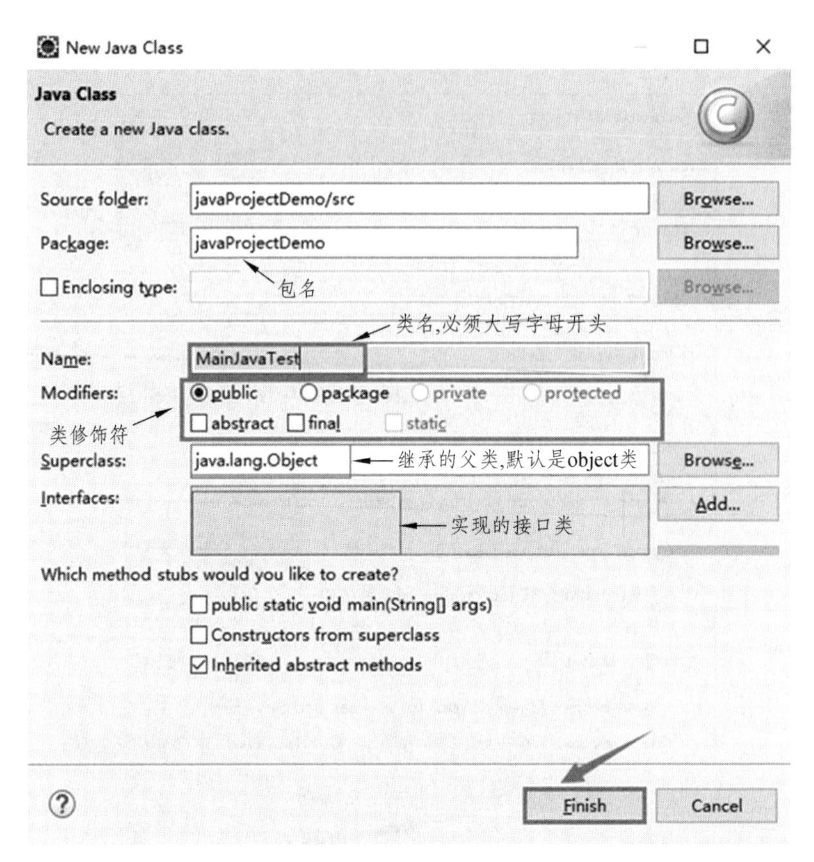

图 6-15　创建 java 类

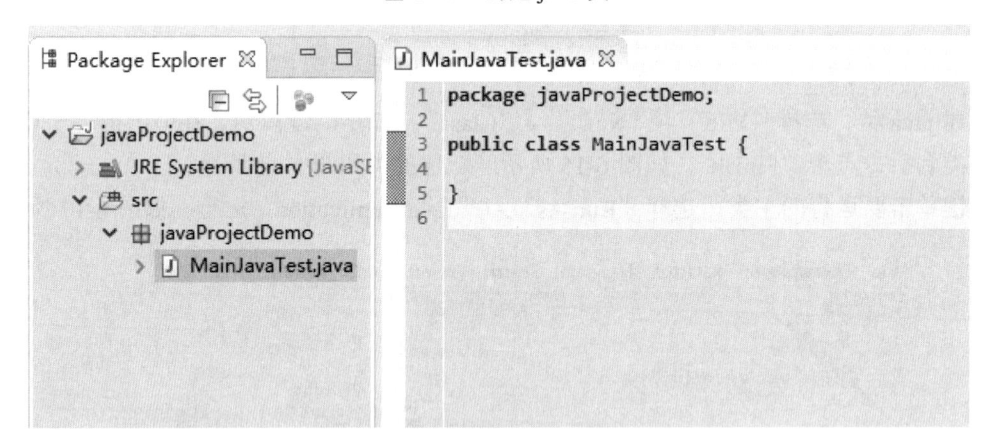

图 6-16　创建 java 类

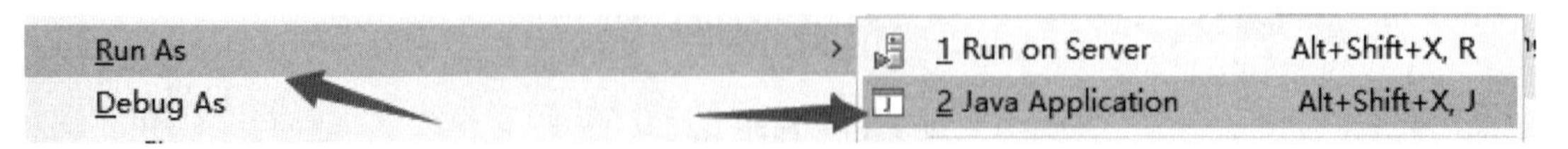

图 6-17　右击运行

第 7 章　软件测试和项目集成

7.1　软件测试概述

7.1.1　软件测试重要性

软件测试就是利用测试工具按照测试方案和流程对产品进行功能和性能测试，甚至根据需要编写不同的测试工具，以及设计和维护测试系统，对测试方案可能出现的问题进行分析和评估。执行测试用例后，需要跟踪故障以确保开发的产品适合需求。

软件测试的几大原则：

（1）软件开发人员（即程序员）应当避免测试自己的程序。不管是程序员还是开发小组都应当避免测试自己的程序或者本组开发的功能模块，若条件允许应当由独立于开发组和客户的第三方测试组或测试机构来进行软件测试。

（2）应尽早并不断地进行软件测试。应当把软件测试贯穿到整个软件开发的过程中，而不应该把软件测试看作是其过程中的一个独立阶段。因为在软件开发的每一环节都有可能产生意想不到的问题，其影响因素有很多，比如软件本身的抽象性和复杂性，软件所涉及问题的复杂性，软件开发各个阶段工作的多样性，以及各层次工作人员的配合关系等。所以要坚持软件开发各阶段的技术评审，把错误克服在早期，从而减少成本，提高软件质量。

（3）对测试用例要有正确的态度。第一，测试用例应当由测试输入数据和预期输出结果这两部分组成；第二，在设计测试用例时，不仅要考虑合理的输入条件，更要注意不合理的输入条件。因为软件在实际运行中，往往会出现一些不正确的使用方法，一些甚至大量的意外输入导致软件不能做出适当的反应，很容易产生一系列的问题，轻则输出错误的结果，重则瘫痪失效。因此测试时应常用一些不合理的输入条件来发现更多的软件缺陷。

（4）一定要充分注意软件测试中的群集现象。不要以为发现几个错误并且解决一些问题之后，就不需要再测试了，反而这里是错误群集的地方，对这段程序要重点测试，以提高测试投资的效益。

（5）严格执行测试计划，排除测试的随意性，避免发生疏漏或者重复无效的工作。

（6）应当对每一个测试结果进行全面检查。

（7）妥善保存测试用例、测试计划、测试报告和最终分析报告，以备回归测试及维护之用。

在遵守以上原则的基础上进行软件测试，可以以最少的时间和人力成本找出软件中的各种缺陷，从而达到保证软件质量的目的。

7.1.2 测试分类

从软件内部结构和具体实现的角度划分，可分为白盒测试和黑盒测试；从软件开发的过程按阶段划分，可分为单元测试、集成测试、系统测试、确认测试。

白盒测试也称结构测试或逻辑驱动测试，它是按照程序内部的结构测试程序，通过测试来检测产品内部动作是否按照设计规格说明书的规定正常进行，以及程序中的每条通路是否都能按预定要求正确工作。该方法是把测试对象看作一个打开的盒子，测试人员依据程序内部逻辑结构相关信息，设计或选择测试用例，对程序所有逻辑路径进行测试，通过在不同点检查程序的状态，确定实际的状态是否与预期的状态一致。

黑盒测试也称功能测试，在测试中，把程序看作一个不能打开的黑盒子，在完全不考虑程序内部结构和内部特性的情况下，对程序接口进行测试，它只检查程序功能是否按照需求规格说明书的规定正常使用，程序是否能适当地接收输入数据而产生正确的输出信息。黑盒测试着眼于程序外部结构，不考虑内部逻辑结构，主要针对软件界面和软件功能进行测试。

单元测试也称模块测试，用于检验被测代码的一个很小的、很明确的功能是否正确。通常而言，一个单元测试用于判断某个特定条件下某个特定函数的行为。单元测试是在软件开发过程中要进行的最低级别的测试活动，在单元测试活动中，软件的独立单元将在与程序的其他部分相隔离的情况下进行测试。

集成测试也叫组装测试或联合测试，是在单元测试的基础上，将所有模块按照设计要求组装成为子系统或系统，进行集成测试。实践表明，一些模块虽然能够单独的工作，但并不能保证在连接起来后也能正常的工作，程序在某些局部反映不出来的问题，在全局上很可能暴露出来并影响功能的实现。

系统测试是在所有单元、集成测试后，对系统的功能及性能的总体测试。系统测试对象不仅仅包括软件本身，而且还包括计算机硬件及其相关的外围设备、实际运行时大批量数据、非正常操作（如黑客攻击）等。

确认测试又称有效性测试，是在模拟的环境下，运用黑盒测试的方法，验证被测软件是否满足需求规格说明书列出的需求。确认测试的目的是向未来的用户表明系统能够像预期要求那样工作。

7.1.3 单元测试

编写代码时一定会反复调试保证它能够编译通过。但代码通过编译，只是说明了它的语法正确，却无法保证它的语义也一定正确，没有任何人可以轻易承诺这段代码的行为一定是正确的。单元测试就是用来验证这段代码的行为是否与期望的一致，有了单元测试，我们可以自信的交付自己的代码，而没有任何的后顾之忧。

单元测试越早越好，测试驱动开发强调先编写测试代码，再进行开发，但在实际的工作中，可以不必过分强调先什么后什么，重要的是高效和感觉舒适。从经验来看，先编写产品函数的框架，然后编写测试函数，针对产品函数的功能编写测试用例，再编写产品函数的代码，每写一个功能点都运行测试，随时补充测试用例。所谓先编写产品函数的框架，是指先编写空函数，有返回值的设置一个值，编译通过后再编写测试代码，这时，函数名、参数表、返回类型都应该确定下来了。

单元测试与其他测试不同，单元测试可看作是编码工作的一部分，应该由程序员完成，也就是说，经过了单元测试的代码才是已完成的代码，提交产品代码时也要同时提交测试代码，测试部门可以做一定程度的审核。

单元测试是由程序员自己来完成，最终受益的也是程序员自己。程序员有责任编写功能代码，同时也就有责任为自己的代码编写单元测试，执行单元测试，就是为了证明这段代码的行为和期望一致。

7.2 单元测试内容与要点

7.2.1 单元测试内容

1 引言

1.1 编写目的

说明编写这份单元测试说明书的目的，指出预期的读者。

1.2 缩写与术语

为了便利使用，由较长的汉语语词缩短省略而成的汉语语词及专业用词。

1.3 参考资料

列出有关的参考文件，如：

（1）本项目的经核准的计划任务书或合同，上级机关的批文。

（2）属于本项目的其他已发表文件。

（3）本文件中各处引用的文件、资料，包括所要用到的软件开发标准。列出这些文件的标题、文件编号、发表日期和出版单位，说明能够得到这些文件资料的来源。

1.4 编号规则

测试用例编号。

2 单元测试记录

对每个模块进行单元测试。

7.2.2 单元测试任务检查

在单元测试中，主要从模块的 5 个特征进行检查：模块接口、局部数据结构、边界条件、重要的执行路径和出错处理。

1. 模块接口测试

模块接口测试是单元测试的基础。只有在数据能正确流入、流出模块的前提下，其他测试才有意义。模块接口测试也是集成测试的重点，这里进行的测试主要是为后面打好基础。

测试接口正确与否应该考虑下列因素：输入的实际参数与形式参数的个数是否相同、属性是否匹配、量纲是否一致；调用其他模块时所给实际参数的个数是否与被调模块的形参个数相同、属性是否与被调模块的形参属性匹配、量纲是否与被调模块的形参量纲一致；调用预定义函数时所用参数的个数、属性和次序是否正确；是否存在与当前入口点无关的参数引用；是否修改了只读型参数；对全程变量的定义各模块是否一致；是否把某些约束作为参数传递。如果模块功能包括外部输入输出，还应该考虑下列因素：文件属性是否正确； OPEN/CLOSE语句是否正确；格式说明与输入/输出语句是否匹配；缓冲区大小与记录长度是否匹配；文件使用前是否已经打开；是否处理了文件尾；是否处理了输入/输出错误；输出信息中是否有文字性错误。

2. 局部数据结构测试

检查局部数据结构是为了保证临时存储在模块内的数据在程序执行过程中完整、正确，局部功能是整个功能运行的基础，重点是一些函数是否正确执行，内部是否运行正确。局部数据结构往往是错误的根源，应仔细设计测试用例，力求发现下面几类错误：不合适或不相容的类型说明；变量无初值；变量初始化或省缺值有错；不正确的变量名（拼错或不正确地截断）；出现上溢、下溢和地址异常。

3. 边界条件测试

边界条件测试是单元测试中最重要的一项任务。众所周知，软件经常在边界上失效，采用边界值分析技术，针对边界值及其左、右设计测试用例，很有可能发现新的错误。边界条件测试是一项基础测试，也是后面系统测试中的功能测试的重点，边界测试执行得较好，可以大大提高程序的健壮性。

4. 模块中所有独立路径测试

在模块中应对每一条独立执行路径进行测试，单元测试的基本任务是保证模块中每条语句至少执行一次。测试目的主要是为了发现因错误计算、不正确的比较和不适当的控制流造成的错误。具体做法就是程序员逐条调试语句。常见的错误包括：误解或用错了运算符优先级；混合类型运算；变量初值错；精度不够；表达式符号错。

5. 出错处理

比较判断与控制流常常紧密相关，测试时注意下列错误：不同数据类型的对象之间进行比较；错误地使用逻辑运算符或优先级；因计算机表示的局限性，期望理论上相等而实际上不相等的两个量相等；比较运算或变量出错；循环终止条件或不可能出现；迭代发散时不能退出；错误地修改了循环变量。模块的各条错误处理通路测试：程序在遇到异常情况时不应该退出，好的程序应能预见各种出错条件，并预设各种出错处理通路。如果用户不按照正常操作，程序就退出或者停止工作，实际上也是一种缺陷，因此单元测试要测试各种错误处理路径。一般这种测试着重检查下列问题：输出的出错信息难以理解；记录的错误与实际遇到的错误不相符；在程序自定义的出错处理段运行之前，系统已介入；异常处理不当；错误陈述中未能提供足够的定位出错信息。

7.2.3 单元测试案例

1 引言

1.1 编写目的

（1）本文档提供了旅游信息管理系统单元测试的用例设计。

（2）本文档用于指导开发人员和测试人员共同完成单元测试的实施。

1.2 缩写与术语

本文使用了如表 7-1 所示缩略语

表 7-1 缩略语

缩略语	说明
TIMS	旅游信息管理系统（Tourism Information Management System）
UT	单元测试

1.3 参考资料

《旅游信息管理系统概要设计说明书》；

《旅游信息管理系统详细设计说明书》。

1.4 编号规则

单元测试用例编号命名规则：TIMS _ UT_模块名_功能_编号；

编号从 01 开始至 99 结束。

2 单元测试记录

表 7-2 用户登录测试用例 01

<table>
<tr><td>模块名</td><td colspan="3">用户管理（User Managerment）——用户登录（User Login）</td></tr>
<tr><td>测试员</td><td>××</td><td>测试日期</td><td>2019/1/15</td></tr>
<tr><td>测试类型</td><td>前台功能测试</td><td>测试工具</td><td>无</td></tr>
<tr><td>用例 ID</td><td colspan="3">TIMS_UT_UM_UL_01</td></tr>
<tr><td>用例描述</td><td colspan="3">测试系统登录失败</td></tr>
<tr><td>前驱条件</td><td colspan="3">（1）输入系统没有的注册邮箱信息（abc@123.com）和任意密码，以及正确的验证码信息；
（2）点击登录</td></tr>
<tr><td>期待结果</td><td colspan="3">提示登录名或密码错误</td></tr>
</table>

续表

实际结果	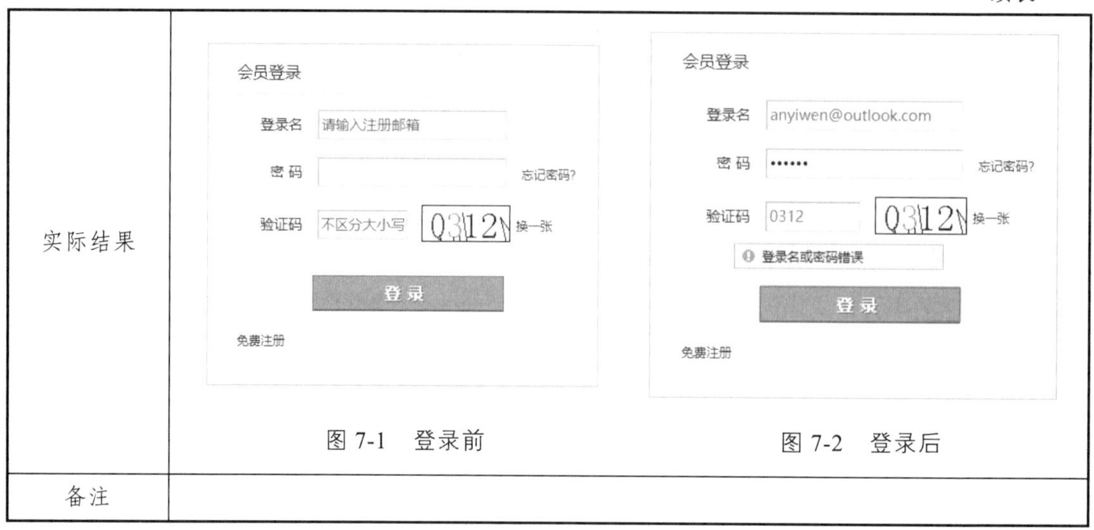 图 7-1　登录前　　图 7-2　登录后
备注	

表 7-3　用户登录测试用例 02

模块名	用户管理（User Managerment）——用户登录（User Login）		
测试员	××	测试日期	2019/1/15
测试类型	前台功能测试	测试工具	无
用例 ID	TIMS_UT_UM_UL_02		
用例描述	测试系统登录失败		
前驱条件	（1）输入系统已有的注册邮箱（303614284@qq.com）和错误密码，以及正确的验证码信息； （2）点击登录		
期待结果	提示登录名或密码错误		
实际结果	图 7-3　提示登录名或密码错误		
备注			

表 7-4　用户登录测试用例 03

模块名	用户管理（User Managerment）——用户登录（User Login）		
测试员	××	测试日期	2019/1/15
测试类型	前台功能测试	测试工具	无
用例 ID	TIMS_UT_UM_UL_03		
用例描述	测试系统登录失败		
前驱条件	（1）输入系统已有的注册邮箱（303614284@qq.com）和正确的密码，以及错误的验证码信息 （2）点击登录		
期待结果	提示验证码输入错误		
实际结果	 图 7-4　验证码输入错误		
备注			

表 7-5　用户登录测试用例 04

模块名	用户管理（User Managerment）——用户登录（User Login）		
用例作者	××	BUG 编号	004
测试员	××	测试日期	2019/1/15
测试类型	前台功能测试	测试工具	无
用例 ID	TIMS_UT_UM_UL_04		
用例描述	测试系统登录失败		
前驱条件	（1）输入系统已有的注册邮箱（303614284@qq.com）和正确的密码，正确的验证码信息。 （2）等待 2 分钟后点击登录按钮		
期待结果	提示验证码已过期		

续表

实际结果	 图 7-5　验证码已过期
备注	必须在验证码失效前才能登录

表 7-6　用户登录测试用例 05

模块名	用户管理（User Managerment）——用户登录（User Login）		
测试员	××	测试日期	2019/1/15
测试类型	前台功能测试	测试工具	无
用例 ID	TIMS_UT_UM_UL_05		
用例描述	用户登录失败		
前驱条件	（1）注册一个新的账户但不激活该用户； （2）输入该用户的登录信息； （3）点击登录		
期待结果	能够跳转到验证界面		
实际结果	登录 | 客服中心 会员注册 验证邮件已发送至 @qq.com， 请查收并按邮件指示完成注册。 Email验证 注册遇到问题? 没收到验证邮件？您可以： 重新发送邮件 图 7-6　跳转到验证界面		
备注	注册新用户并不激活		

表 7-7　用户登录测试用例 06

模块名	用户管理（User Managerment）——用户登录（User Login）		
测试员	××	测试日期	2019/1/15
测试类型	前台功能测试	测试工具	无
用例 ID	TIMS_UT_UM_UL_06		
用例描述	用户登录成功		
前驱条件	（1）输入系统已有的注册邮箱（×××@qq.com）和正确的密码、验证码信息； （2）点击登录		
期待结果	成功进入系统		
实际结果	在线旅游系统 图 7-7　成功进入系统		
备注			

图 7-8　用户注册测试用例 01

模块名	用户管理（User Managerment）——用户注册（User Register）		
测试员	××	测试日期	2019/1/15
测试类型	前台功能测试	测试工具	无
用例 ID	TIMS_UT_UM_UR_01		
用例描述	测试用户注册失败		
前驱条件	（1）进入系统； （2）点击免费注册链接进入注册界面； （3）输入已有的注册邮箱，其他注册信息正确填写； （4）点击注册，是否提示错误		
期待结果	提示该邮箱已注册		

续表

实际结果	 图 7-8　该邮箱已注册
备注	邮箱在系统中已经存在

表 7-9　用户注册测试用例 02

模块名	用户管理（User Managerment）——用户注册（User Register）		
测试员	××	测试日期	2019/1/15
测试类型	前台功能测试	测试工具	无
用例 ID	TIMS_UT_UM_UR_02		
用例描述	测试注册用户失败		
前驱条件	（1）进入系统； （2）点击免费注册链接进入注册界面； （3）输入注册邮箱，验证码填写错误； （4）点击注册，是否提示错误		
期待结果	提示验证码输入错误		
实际结果	 图 7-9　提示验证码输入错误		
备注			

表 7-10　用户注册测试用例 03

模块名	用户管理（User Management）——用户注册（User Register）		
测试员	××	测试日期	2019/1/15
测试类型	前台功能测试	测试工具	无
用例 ID	TIMS_UT_UM_UR_03		
用例描述	测试用户注册失败		
前驱条件	（1）进入系统； （2）点击免费注册链接进入注册界面； （3）输入注册邮箱，等待 2 min 后填入验证码信息； （4）点击注册，是否提示错误		
期待结果	提示验证码过期		
实际结果	图 7-10　验证码已过期		
备注	在验证码显示后等待 2 min，如果切换了验证码同样需要登录 2 min		

表 7-11　用户注册测试用例 04

模块名	用户管理（User Management）——用户注册（User Register）		
测试员	××	测试日期	2019/1/15
测试类型	前台功能测试	测试工具	无
用例 ID	TIMS_UT_UM_UR_04		
用例描述	测试注册用户成功		
前驱条件	（1）进入系统； （2）点击免费注册链接进入注册界面； （3）输入注册邮箱等信息； （4）点击注册； （5）跳转到激活界面，查收邮件，点击邮件中的按钮或者拷贝连接到浏览器地址栏中； （6）第（5）步操作后自动跳转到登录界面		

续表

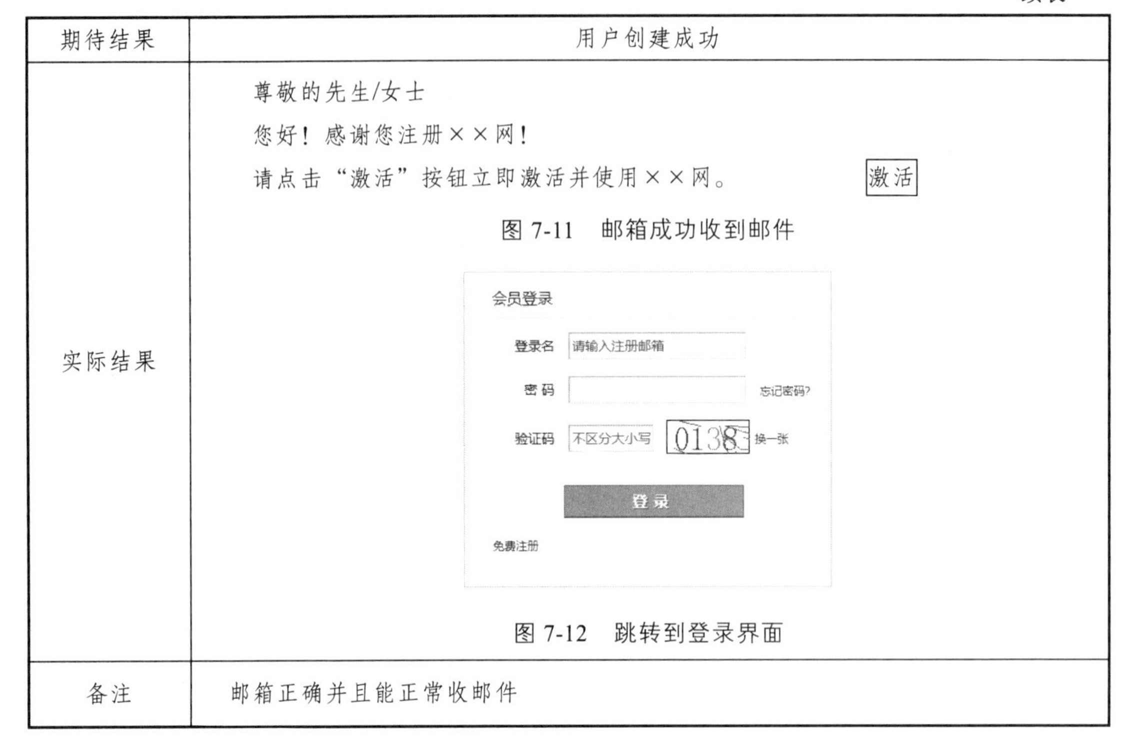

期待结果	用户创建成功
实际结果	尊敬的先生/女士 您好！感谢您注册××网！ 请点击“激活”按钮立即激活并使用××网。 激活 图 7-11 邮箱成功收到邮件 会员登录 登录名 请输入注册邮箱 密 码 忘记密码? 验证码 不区分大小写 0138 换一张 登 录 免费注册 图 7-12 跳转到登录界面
备注	邮箱正确并且能正常收邮件

7.3 项目集成

7.3.1 概述

当项目各部分完成后，首先要求小组成员对各自所负责的部分进行单元测试，以确保各功能模块是符合要求的。小组各成员完成各自对应的单元测试后，需要进行项目集成，将各成员的模块组合起来，使之形成一个符合预期设计要求的项目集合，以便于进行后续阶段的集成测试、系统测试、安装部署等。

7.3.2 项目集成管理过程

项目集成管理包括选择资源分配方案，平衡相互竞争的目标和方案，以及管理项目管理知识领域之间的依赖关系。项目集成管理包括了 6 个过程：

（1）制定项目章程：制定一份正式批准项目或阶段的文件，并记录能反映用户需要和期望的初步要求的过程。

（2）制定项目管理计划：对定义、编制、整合和协调所有子计划所必需的行动进行记录的过程。

（3）指导与管理项目执行：为实现项目目标而执行项目管理计划中所确定的工作的过程。

（4）监控项目工作：跟踪、审查和调整项目进展，以实现项目管理计划中确定的绩效目标的过程。

（5）实施整体变更控制：审查所有变更请求，批准变更，管理对可交付成果、组织过程资产、项目文件和项目管理计划的变更的过程。

（6）结束项目或阶段：完结所有项目管理过程组的所有活动，以正式结束项目或阶段的过程。

7.3.3 项目集成管理的标准以及建议

软件项目集成管理是软件项目管理的核心内容，与其他项目管理有着明显的区别，不单单是因为软件项目集成管理的技术，更是因为软件项目管理体系本身的属性。

软件项目集成管理标准包括：软件项目开发的发散性，软件项目开发的系统模块性，软件项目开发的各模块间联系与影响，软件项目开发中模块设计的信息隐蔽性，软件项目开发概念清晰性，软件项目开发中代码长度，符号以及相关术语的统一性，软件项目系统完善以及软件系统开发流程的可检测性。

软件项目集成管理建议如下：

（1）软件项目研发要针对软件业主的需求进行软件项目管理与计划，在实际运用与工作中积累项目集成管理的经验，提高工作人员的素质与管理理念。

（2）根据项目需求与方案计划，制定软件研发的流程与时间安排，预估成本与资源消耗，进行软件风险评估报告检测。

（3）做好软件开发过程中的检测项目，对软件中的漏洞以及问题及时处理改善，从而提高软件的质量，防止软件研发出现停滞或实际使用中出现故障。

（4）加强项目集成管理工作人员间的协调与沟通，定期进行软件业主与研发人员的沟通，更要进行项目内部工作人员的沟通，全面了解业主的需求和软件开发的流程计划，高效地实现项目的衔接与完成项目内容。

7.3.4 集成测试

集成测试时需要考虑的问题是：在把各个模块连接起来的时候，穿越模块接口的数据是否会丢失；一个模块的功能是否会对另一个模块的功能产生不利的影响；各个子功能组合起来，能否达到预期要求的父功能；全局数据结构是否有问题；单个模块的误差累积起来，是否会放大，从而达到不能接受的程度。

集成测试以黑盒测试技术为主、白盒测试技术为辅，实施方案有很多种，如自底向上集成测试、自顶向下集成测试、Big-Bang 集成测试、三明治集成测试、核心集成测试、分层集成测试、基于使用的集成测试等，其中自底向上集成测试和自顶向下集成测试是经实践检验和证实有效的集成测试方案。

自顶向下集成方式是一个递增的组装软件结构的方法，从主控模块（主程序）开始沿控制层向下移动，把模块一一组合起来。它采用了和设计一样的顺序对系统进行测试，在第一时间内对系统的控制接口进行了验证。

（1）以主模块为所测模块兼驱动模块，所有直属于主模块的下属模块全部用桩模块替换（一种能模拟真实模块，给待测模块提供调用接口或数据的测试用软件模块），对主模块进行测试。

（2）采用深度优先（Depth-First）或者宽度优先（Breath-First）的策略，用实际模块替换相应桩模块，再用桩替代它们的直接下属模块，与已测试的模块或子系统组装成新的子系统。

（3）进行回归测试，排除组装过程中引起错误的可能。

（4）判断所有的模块是否都已组装到系统中，如果是则结束测试，否则转到第（2）步去执行。

自顶向下集成测试的优点是：自顶向下的增殖方式在测试过程中较早地验证了主要的控制和判断点；功能可行性较早得到证实，还能够给开发者和用户带来成功的信心；最多只需要一个驱动模块，减少了驱动器开发的费用；由于和设计顺序的一致性，可以和设计并行进行，如果目标环境可能存在改变，该方法可以灵活的适应；支持故障隔离。

自顶向下集成测试的缺点是：桩模块的开发和维护是本策略的最大成本，随着桩数目增加，成本急剧上升；底层组件中一个无法预计的需求可能会导致许多顶层组件的修改，这破坏了部分先前构造的测试包；底层组件行为的验证被推迟；随着底层模块的不断增加，整个系统越来越复杂。

自顶向下集成测试的适用范围：适用于大部分采用结构化编程方法的软件产品，且产品的结构相对比较简单，对于具有以下属性的产品，可以优先考虑该策略：

（1）产品控制结构比较清晰和稳定。

（2）产品的高层接口变化比较小。

（3）产品底层接口未定义或经常可能被修改。

（4）产品控制模块具有较大的技术风险，需要尽早被验证。

（5）希望尽早可以看到产品的系统功能行为。

（6）在极限编程（Extreme Program）中使用探索式开发风格时，其集成策略可以采用自顶向下的方法。

自底向上的集成方式是从程序模块结构的最底层的模块开始组装和测试，因为模块是自底向上进行组装，对于一个给定层次的模块，它的子模块（包括子模块下属所有模块）已经组装并测试完成，所以不再需要编制桩模块，在模块的测试过程中需要从子模块得到的信息可以通过直接运行子模块得到。

完成整体的集成测试后，完整可用的项目就基本形成了。实际生产中还需要进行实地安装部署，通过试运行进行系统测试，以确保系统能符合用户要求并稳定持续运行以适应实际生产。

项目集成管理可以高效地实现软件开发过程中的人力成本、资源成本合理配置，对项目的展开进行科学合理的划分，实现项目工作流程标准、整合管理层次分明的特点，有利于全面的管控工作人员，将各项工作落到实处，实现软件开发的效益最大化。

参考文献

[1] 鄂大伟. 信息技术基础. 2 版. 福建：厦门大学出版社，2009.

[2] Pressman R. 软件工程——实践者的研究方法. 6 版. 北京：机械工业出版社，2009.

[3] Pressman R S. Software Engineering--A Practitioner's Approach. 8 版. 北京：机械工业出版社，2016.

[4] 贾铁军，李学相，王学军，等. 软件工程与实践. 3 版. 北京：清华大学出版社，2018.

[5] 齐治昌，谭庆平，宁洪. 软件工程. 3 版. 北京：高等教育出版社，2012.

[6] 张海藩，吕云翔. 软件工程. 4 版. 北京：人民邮电出版社，2013.

[7] 李浪，朱雅莉，熊江. 软件工程. 武汉：华中科技大学出版社，2013.

[8] 郑炜，吴潇雪. 现代软件工程. 西安：西北工业大学出版社，2016.

[9] Tulach J. 软件框架设计的艺术. 王磊，朱兴，译. 北京：人民邮电出版社，2011.

[10] 沈军. 软件体系结构——面向思维的解析方法. 南京：东南大学出版社，2012.

[11] 董威，文艳军，陈振邦. 软件设计与体系结构. 北京：高等教育出版社，2017.

[12] 覃征，李旭，王卫红. 软件体系结构. 4 版. 北京：清华大学出版社，2018.

[13] 张友生. 软件体系结构原理、方法与实践. 2 版. 北京：清华大学出版社，2014.

[14] 秦航. 软件设计和体系结构. 北京：清华大学出版社，2014.

[15] 张家浩. 软件系统分析与设计实训教程. 北京：清华大学出版社，2016.

[16] Sommerville I. 软件工程. 彭鑫，赵文耘，等，译. 北京：机械工业出版社，2018.

[17] 张海藩，牟永敏. 软件工程导论. 6 版. 北京：清华大学出版社，2013.

[18] 秦小波. 设计模式之禅. 2 版. 北京：机械工业出版社，2014.

[19] 刘伟. 设计模式. 2 版. 北京：清华大学出版社，2018.

[20] 谭云杰. 大象：Thinking in UML. 2 版. 北京：中国水利水电出版社，2012.

[21] Erl T. SOA 架构-服务和微服务分析及设计. 2 版. 李东，李多. 北京：机械工业出版社，2018.

[22] 顾春红，于万钦. 面向服务的企业应用架构　SOA 架构特色与全息视角. 北京：电子工业出版社，2013.

[23] Leader-us. 架构解密：从分布式到微服务. 北京：电子工业出版社，2017.

[24] 闫博. 浅析计算机软件工程的管理和应用[J]. 电脑知识与技术，2017，13（30）：101-102.

[25] 周春良，屈卫清. 软件工程专业"N 个 1"人才培养模式的研究[J]. 经贸实践，2017，（21）：275.

[26] 庞军钦. 计算机软件工程的维护措施和方法分析[J]. 经营管理者，2017，（31）：334.

[27] 杨慧. MOOC 背景下《软件工程》教学方法初探[J/OL]. 学周刊，2017，（36）：10-11

（2017-11-29）.
[28] 张玮. 软件工程中结构化方法与面向对象方法的比较研究[J]. 无线互联科技，2017，（21）：52-53.
[29] 张意. 计算机软件工程的维护措施和方法[J]. 电子技术与软件工程，2017，（22）：45.
[30] 李星. 探究软件工程思想在管理信息系统开发中的应用[J]. 赤峰学院学报（自然科学版），2017，（21）：20-21.